无人机系统特征技术系列编委会

总　序

无人机作为信息时代多学科、高技术驱动的创新性成果之一，已成为世界各国加强国防建设和加快信息化建设的重要标志。众多发达国家和新兴工业国家，均十分重视无人机的研究、发展和应用。《“十三五”国家战略性新兴产业发展规划》及我国航空工业发展规划中都明确提出要促进专业级无人机研制应用，推动无人机产业化。

无人机是我国具有自主知识产权的制造名片之一。我国从20世纪50年代起就开始自主开展无人机研究工作，迄今积累了厚实的技术和经验，为无人机产业的后续发展奠定了良好的基础。近年来，我国无人机产业规模更是呈现爆发式增长，我国无人机产品种类齐全、功能多样，具备了自主研发和设计低、中、高端无人机的能力，基本形成了配套齐全的研发、制造、销售和服务体系，部分技术已达到国际先进水平，成为我国科技和经济发展的新亮点，而且也必将成为我国航空工业发展的重要突破口。

虽然我国无人机产业快速崛起，部分技术赶超国际，部分产品出口海外，但我国整体上仍未进入无人机强国之列，在精准化、制空技术、协作协同、微型化、智能化等特征/关键技术方面尚需努力，为了迎接无人机大发展时代，迫切需要及时总结我国无人机领域的研究成果，迫切需要培养无人机研发高端人才。因此，助力我国成为无人机研发、生产和应用强国是“无人机系统特征技术系列”丛书策划的初衷。

“无人机系统特征技术系列”丛书的撰写目的是建立我国无人机技术的知识体系，助力无人机领域人才培养，推动无人机产业发展；丛书定位为科学研究和工程技术参考，不纳入科普和教材；丛书内容聚焦在表征无人机系统特征的、重要的、密切的相关技术；丛书覆盖无人机系统特征技术的基础研究、应用基础研究、应用研究、工程实现。丛书注重创新性、先进性、实用性、系统性、技术前瞻性；丛书突出智能化、信息化、体系化。

无人机系统特征技术的内涵如下：明显区别于有人机，体现出无人机高能化、智能化、体系化的特征技术；无人机特有的人机关系、机械特性、试飞验证等特征技术；既包括现有的特征技术的总结，也包括未来特征技术的演绎；包括与有人机比较的，无人机与有人机的共性、差异和拓宽的特征技术。

本丛书邀请中国工程院院士、舰载机歼-15型号总设计师孙聪担任总主编，由国内无人机学界和工业界的顶级专家担任编委及作者，既包括国家无人机重大型号的总设计师，如翼龙无人机总设计师李屹东、云影无人机总设计师何敏、反辐射无人机总设计师祝小平、中国飞行试验研究院无人机试飞总师赵永杰等，也包括高校从事无人机基础研究的资深专家，如飞行器控制一体化技术国防科技重点实验室名誉主任陈宗基、北京航空航天大学无人系统研究院院长王英勋、清华大学控制理论与技术研究所所长钟宜生、国防科技大学智能科学学院院长沈林成、西北工业大学自动化学院院长潘泉等。

本丛书的出版有以下几点意义：一是紧紧围绕具有我国自主研发特色的无人机成果展开，积极为我国无人机产业的发展提供方向性支持和技术性思考；二是整套图书全部采用原创的形式，记录了我国无人机系统特征技术的自主研究取得的丰硕成果，助力我国科研人员和青年学者以国际先进水平为起点，开展我国无人机系统特征技术的自主研究、开发和原始创新；三是汇集了有价值的研究资源，将从事无人机研发的技术专家、教授、学者等广博的学识见解和丰富的实践经验以及科研成果进一步理论化、科学化，形成具有我国特色的无人机系统理论与实践相结合的知识体系，有利于高层次无人机科技人才的培养，提升我国无人机研制能力；四是部分图书已经确定将版权输出至爱思唯尔、施普林格等国外知名出版集团，这将大大提高我国在无人机研发领域的国际话语权。

上海交通大学出版社以他们成熟的学术出版保障制度和同行评审制度，调动了丛书编委会和丛书作者的积极性和创作热情，本系列丛书先后组织召开了4轮同行评议，针对丛书顶层设计、图书框架搭建以及内容撰写进行了广泛而充分的讨论，以保证丛书的品质。在大家的不懈努力下，本丛书终于完整地呈现在读者的面前。

我们衷心感谢参与本丛书编撰工作的所有编著者，以及所有直接或间接参与本丛书审校工作的专家、学者的辛勤工作。

真切地希望这套书的出版能促进无人机自主控制技术、自主导航技术、协同交互技术、管控技术、试验技术和应用技术的创新，积极促进无人机领域产学研用结合，加快无人机领域内法规和标准制定，切实解决目前无人机产业发展迫切需要解决的问题，真正助力我国无人机领域人才培养，推动我国无人机产业发展！

无人机系统特征技术系列编委会

2020 年 3 月

前　　言

无人机具有灵活性高、隐蔽性强、环境约束小、可垂直起降及悬停等特点，在民用和军用领域具有广泛的应用前景。近十几年来，随着科技的进步，无人机技术得到了飞速发展，无人机的应用也已经从空中侦察领域扩展到远程遥感、矿产勘探、后勤支援、武装打击、空中救援、作为电子诱饵等方面。

本书旨在介绍四旋翼无人机鲁棒控制器设计新方法，针对四旋翼无人机在恶劣飞行情况下的鲁棒控制问题，全面介绍鲁棒控制器设计方法与实验验证，在提高闭环控制系统对参数不确定性、非线性动态、耦合动态和外界扰动的鲁棒性的同时，提高系统的控制精度和响应速度，为解决四旋翼无人机的高精度飞行控制问题带来新思路。

本书共8章。第1章为绪论，介绍了无人机的基本概念、分类、研究进展以及主要的传统控制方法。第2章为四旋翼飞行器平台设计，详细介绍了四旋翼无人机实验平台的组成和数学模型。第3章为四旋翼无人机鲁棒姿态控制，介绍了一种基于比例微分(PD)控制和鲁棒补偿控制的四旋翼无人机的姿态控制方法，通过四旋翼无人机大角度飞行的实验结果验证了所设计控制方法的有效性。第4章为带角速度观测器的飞行器姿态控制，介绍了一种不依赖于角速度反馈的鲁棒姿态控制方法。第5章针对四旋翼无人机在大机动情况下的鲁棒运动控制问题，介绍了一种四旋翼飞行器轨迹跟踪分层控制方法。第6章介绍了一种四旋翼无人机鲁棒三回路轨迹跟踪控制方法。第7章介绍了一种考虑时滞和不确定性影响的四旋翼鲁棒控制方法。第8章介绍了一种基于强化学习的四旋翼鲁棒最优轨迹跟踪控制方法。

感谢“无人机系统特征技术系列”图书编委会对本书出版的大力支持；本书得到了国家自然科学基金面上基金(61873012、61503012)的相关资助，还要感谢本领域相关同行学者在本书撰写过程中给予的热心支持，在此一并表示衷心的感谢。

由于作者水平有限，书中疏漏和不妥之处在所难免，敬请读者批评指正。

目　录

第1章 绪　论

1.1 无人机基本概念和分类

无人机(unmanned aerial vehicle, UAV),也称作“无人驾驶飞行器”,是一种不需要机载飞行员或领航员就能实现自主飞行或者远程遥控飞行的飞行器。从某种角度来看,无人机可以在无人驾驶的条件下完成复杂的空中飞行任务和各种负载任务,可以看作“空中机器人”。无人机作为“零伤亡”理论的主要实现工具之一,在最近20年内得到了飞速发展,其功能也已经从空中侦察领域扩展到远程遥感、矿产勘探、后勤支援、武装打击、空中救援、作为电子诱饵等多个领域[1-14]。如图1.1所示就是一种常见的四旋翼无人机。

图1.1 常见的四旋翼无人机

无人机通常的用途可以大致分为如下六种,而当前多角色飞机平台也变得越来越普遍。

(1) 作为目标和诱饵——为地面和空中炮兵提供模拟敌机或导弹的目标。

(2) 侦察——提供战场情报。

(3) 战斗——为高风险任务提供攻击能力。

(4) 物流——运送货物。

(5) 研究与开发——改进无人机技术。

(6) 民用和商用——农业、航拍、数据收集。

目前,无人机主要分为固定翼和旋翼两大类。其中固定翼无人机具有抗干扰能力强、自主飞行控制简单、结实耐用等特点。目前已经投入实际使用的固定翼无人机种类很多,其中比较著名的有美军的“渡鸦”“捕食者”“全球鹰”和X-47等无人机。“渡鸦”无人机(见图1.2)是小型无人机,可以执行战场感知、通信中继等任务;“捕食者”无人机(见图1.3)是中空长航时中型无人侦察机,能够为战场指挥决策提供情报支持;“全球鹰”无人机(见图1.4)是高空远程大型无人机,可以在目标上空停留24 h以上,执行侦察监视任务;X-47无人机(见图1.5)具有对地压制、电子干扰、远程打击、舰载起飞着陆等功能。这些无人机在科索沃战争、伊拉克战争和阿富汗战争中均发挥了重要作用。

图1.2 “渡鸦”无人机

图1.3 “捕食者”无人机

图1.4 “全球鹰”无人机

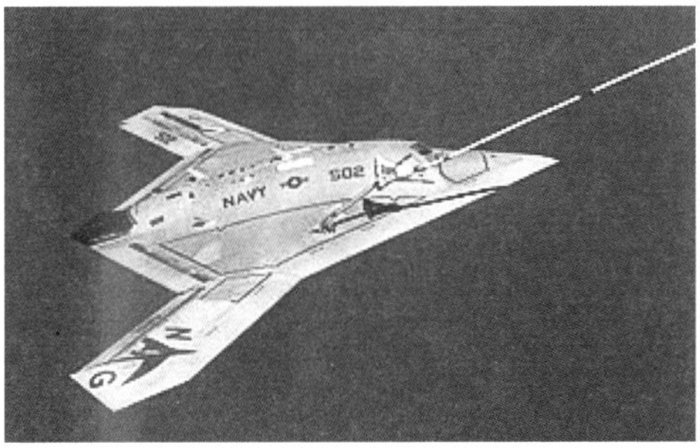

图1.5 X-47无人机(X-47B)

旋翼无人机(又称“无人直升机”)是指使用一个或者多个旋翼产生气动升力以实现自主飞行,机身重于空气,可以重复使用的不载人航空飞行器[2]。与固定翼无人机相比,无人直升机能够实现半空悬停、原地转弯、垂直起飞降落、低空低速飞行等。优越的机动性能使无人直升机可以在简易场地中实现起飞降落,且不用依赖于固定翼无人机那样复杂的发射和回收系统[3]。近十几年来,随着传感器技术、动力推进技术、电子技术、复合材料技术,特别是飞行控制技术的进步,无人直升机技术得到了高速发展。目前无人直升机已有多种军用和民用领域:在军用方面,无人直升机已经应用于对地攻击、武器运输、空中巡逻、侦察监视、指挥通信、后勤支援、电子对抗等领域;在民用方面,可以应用于防灾救生、矿产勘探、护林灭火、货物运输、医疗救援、空中拍照录像等领域。美军的“火力侦察兵”无人直升机(见图 1.6)首次成功实现了无人直升机发射激光制导火箭弹。“蜂鸟”无人直升机(见图 1.7)可以 140 kn 的速度连续飞行 20 h 以上,且可以达到 15 000 ft① 的悬停高度。该型无人直升机具有很强的续航和载荷能力。

图 1.6 “火力侦察兵”无人直升机

图 1.7 “蜂鸟”无人直升机

直升机按照旋翼的个数可以分为单旋翼,双旋翼(包括共轴双旋翼、纵列双旋翼、横列双旋翼以及侧转双旋翼),四旋翼等类型。常规布局的单旋翼直升机是指具有主螺旋桨、尾螺旋桨和稳定杆的直升机,这是目前应用最广泛的一类直升机。此外,随着室内侦察和探测的需要,四旋翼无人机作为一种新机型,其技术得到了飞速发展,这类直升机是本书讨论的重点。

无人直升机按照质量可以分为微小型、小型、中型和大型。随着制造技术、微电子、复合材料技术的发展,尤其是飞控技术的进步,微小型和小型无人直升机成为研究热点。微小型和小型无人直升机具有灵活性高、环境约束小、机动性

① ft:英尺,长度单位,1 ft≈0.304 8 m。

强、不易伤人等特点，可以广泛应用于城市远程传感、室内环境侦察、电力系统检测等领域。因此，本书选择小型无人直升机作为主要研究对象。

国外众多院校已对小型无人直升机的自主飞行控制问题进行了广泛且深入的研究，其中的代表院校有美国麻省理工学院、英国莱斯特大学、美国佐治亚理工学院、德国慕尼黑理工大学、美国南加州大学、法国贡比涅技术大学、美国卡耐基·梅隆大学、澳大利亚国立大学、美国加州大学伯克利分校、美国宾夕法尼亚大学和新加坡国立大学等。

国内对小型无人直升机自主飞行控制领域的研究起步相对较晚，主要的高校和科研院所如下：浙江大学、北京航空航天大学、中国科学院沈阳自动化研究所、西北工业大学、上海交通大学、南京航空航天大学、上海大学、华南理工大学和清华大学等。

1.2 无人直升机技术发展

由于小型无人直升机具有广泛的应用前景，因此近20年来，许多国家的大学和科研机构都展开了小型无人直升机的相关研究。1990年，美国佐治亚理工学院在Michelson教授的倡导下举办了首届国际空中机器人大赛（International Aerial Robotics Competition, IARC）[4]。迄今为止，IARC大赛成功吸引了很多高校把最先进的研究成果整合在无人直升机上，从而极大地推动了小型无人直升机的研究。

目前，几所知名大学的研究成果代表了小型无人直升机自主飞行研究的领先水平。美国麻省理工学院是常规布局单旋翼直升机研究的先行者。由Fenn教授领导的研究小组基于X-Cell 60模型直升机开发了Draper无人直升机。机上装载了约3 kg的航空电子系统，来完成无人直升机姿态和位置的估计与控制。电子系统的主要设备包括惯性测量单元、差分GPS、电子罗盘、超声波高度传感器和飞控计算机。此外，该小组使用卡尔曼滤波来融合各种传感器的信息，改善了控制系统的可靠性及容错能力。

由美国加州大学伯克利分校的Sastry教授领导的BEAR小组（Berkeley Aerobot Team）实现了无人直升机的自主起飞、悬停、跟踪、逃逸、避障和基于视觉的自主着陆。此外，该小组还在小型无人直升机编队飞行、目标搜索等方面展开了相关研究。如图1.8所示，BEAR小组所设计的无人直升机是基于雅马哈公司RMAX系列的R-50型号改装而成的，机上加载了惯性导航系统、高精度差分 GPS、激光测距仪和 PC-104 飞控计算机，目前已经可以在大风情况下完成自主起飞、着陆和避障等多种任务。

图 1.8　BEAR 小组设计的无人直升机

如图 1.9 所示是美国佐治亚理工学院开发的 GTMax 无人直升机。GTMax 无人直升机同样选用日本雅马哈公司生产的 RMAX 系列无人直升机作为开发平台，并展开了自主飞行、目标跟踪以及视觉导航的研究。此外，佐治亚理工学院是国际空中机器人竞赛的发起者，其设计的小型无人直升机在 2003 年空中机器人大赛中成功完成了从 3 km 外的郊区自主飞入市区并且把目标的视频图像和静态照片传回地面基站的任务。

图 1.9　佐治亚理工学院设计的无人直升机

如图 1.10 所示是美国斯坦福大学设计的四旋翼无人机。该直升机通过惯性元件获取机体当前的姿态信息、采用超声波测距仪测量当前的高度并使用

GPS接收机获取当前的位置信息。其工作原理是通过控制4个电机来控制飞行器姿态以实现轨迹跟踪。该直升机可以实现高精度的位置和速度控制。

图1.10 美国斯坦福大学设计的四旋翼无人机

如图1.11所示是美国宾夕法尼亚大学设计的四旋翼无人机。与斯坦福大学的四旋翼无人机相比,该四旋翼无人机的控制精度更高而且协同能力更强。基于VICION运动捕捉系统,该无人机可以高速穿过细小的缝隙,并实现大机动飞行。此外,该四旋翼无人机实现了自主编队控制和基于视觉的自主着陆。

图1.11 美国宾夕法尼亚大学设计的四旋翼无人机

如图1.12所示是苏黎世瑞士联邦工学院基于“蜂鸟”四旋翼无人机改装的四旋翼无人机。通过飞行竞技场附近安装的8个摄像头,该直升机可以以200 Hz的频率获得毫米级精度的位置信息。目前,该四旋翼无人机实现了自主着陆和充电,并且可以“弹钢琴”、跟随音乐“跳舞”。

如图1.13所示是新加坡国立大学设计的微小型共轴双桨PetiteLion无人直升机,其电子控制系统只有170g,却集成了机载计算机、GPS接收机、无线通信模块和超声波测距模块。

图 1.12 苏黎世瑞士联邦工学院设计的四旋翼无人机

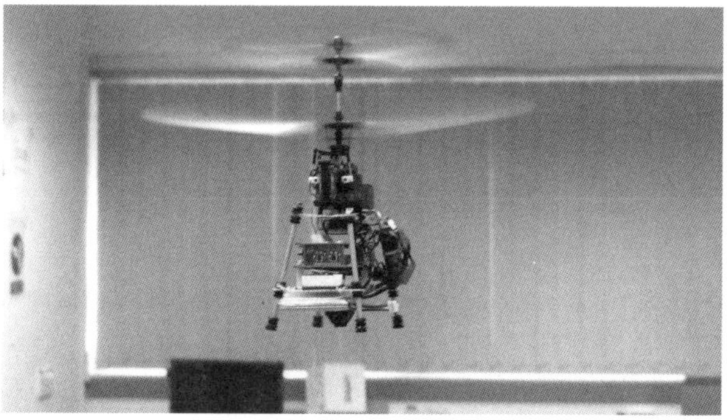

图 1.13 新加坡国立大学设计的无人直升机

相比于国外研究机构的成果，国内大学的研究起步稍晚，但是发展很快。研究领先的院校有浙江大学、华南理工大学、北京航空航天大学、清华大学等。

如图 1.14 所示是清华大学计算机系设计的 THUBAN 无人直升机。该直升机安装了一个可以 16 倍变焦的摄像头，以完成航拍、空中搜索等任务。整个系统由直升机和地面站组成[15]。无人直升机已经可以实现轨迹跟踪，并可以在

图 1.14 清华大学计算机系设计的无人直升机

GPS的帮助下到达空间任一指定点。地面站主要用于监视直升机的飞行,为其规划路线,并且实现人机交互等多项功能。

浙江大学设计的“玉泉之翼”无人直升机已于2005年在中国空中机器人大赛上实现了自主悬停。虽然只有短短几分钟,但这是国内首次实现小型无人直升机的自主悬停。

如图1.15所示是华南理工大学设计的国内首架海监无人直升机。该直升机长为2.4 m、质量为25 kg,最大飞行速度为90 km/h,巡航速度可达50 km/h。直升机下方安装了摄像机。该直升机可以在半径50 km范围内的海域执行监察和勘测等任务。通过GPS和惯性测量元件,该无人直升机实现了对位置和姿态等信息的估计,其定位精度达到了4 cm。

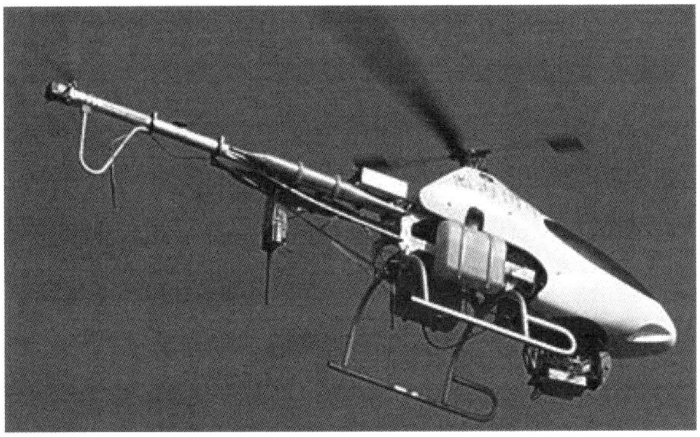

图1.15 华南理工大学设计的无人直升机

此外,南京航空航天大学[2,6]、天津大学[7]、国防科学技术大学[8,9]、哈尔滨工业大学[10]、南京理工大学[11]、上海交通大学[12]、上海大学[13-14]、西北工业大学[15]和中国科学院沈阳自动化研究所[16]等国内高校和研究机构也对小型无人直升机的控制问题进行了深入研究。

1.3 旋翼无人机控制方法

随着无人机的应用领域越发广泛,对无人机控制的要求也越来越高。小型旋翼无人机是一个复杂的非线性系统,具有非线性程度高、参数不确定性大、耦合程度强、易受外界扰动影响等特点。尤其旋翼无人机在执行大机动飞行任务时,这些特性的影响会更加显著。飞行控制问题是四旋翼无人机研究的关键问题，小型旋翼无人机自主飞行的控制难点主要体现在如下几个方面。

1）模型复杂度高

四旋翼无人机的精确建模是现阶段研究中的主要问题。在飞行过程中，飞机同时受到多种物理效应的作用，如空气动力、重力和陀螺效应等；此外，它还容易受到气流等外部环境因素的干扰。因此，很难获得准确的气动性能参数，因而难以建立有效、准确的动力学模型。在忽略弹性振动及形变的情况下，工程中使用的旋翼无人机模型都是经过不同程度简化处理的，导致建立的模型不精确。旋翼无人机相比于固定翼飞机有更多复杂的组成部分。各个部分的气动特性均不相同，而且各部分之间还会相互影响。描述这些特性的数学模型阶次很高。如果再考虑电机、传感器的动态特性，则所得到的模型阶次会更高。如此高阶次的模型会给旋翼无人机的控制带来很大的挑战。此外，过于复杂的气动特性使得精确地确定小型旋翼无人机的动力学模型尤为困难。

2）参数不确定性高

基于模型辨识得到的相关参数值与实际值相差较大。旋翼无人机的气动参数会随着飞行姿态、高度、风速的变化而变化，这加大了控制难度。尤其是执行大机动飞行任务时，旋翼无人机会工作在高频带。在这种情况下，辨识得到的模型参数摄动会更大，很难使小型旋翼无人机的飞行品质得到保证。

3）模型耦合程度高，且非线性很严重

旋翼无人机和固定翼无人机不一样，横向和纵向耦合更加严重。在飞行状态下，操纵任一控制量均会导致多个状态发生变化。例如，操纵俯仰通道的执行机构会影响滚转角和偏航角。四旋翼无人机是具有六个自由度（三个姿态角及纵向、横向和高度的位移坐标），但只有四个控制输入的欠驱动系统（under-actuated system），它具有变量多、非线性、强耦合（一个旋翼转速的改变将导致至少三个自由度上的运动）和干扰敏感的特性，使控制器的设计变得非常困难。

4）抗干扰能力差

旋翼无人机的响应频率与其尺寸的平方根成反比，即无人机越小，响应越快，越不稳定。小型旋翼无人机响应很快，对外界的干扰尤其敏感，所以抗干扰能力很差。例如，阵风或者地面湍流可能使小型旋翼无人机偏离预定轨道，进入不稳定状态，甚至失控。尽管小型旋翼无人机的控制难度很高，但是随着相关控制理论和硬软件技术的不断进步，一些新的方法已经开始大量应用于旋翼无人机的控制。由于四旋翼无人机载荷较小，难以承载较多的传感器，因此对四旋翼无人机进行状态测量是比较困难的，精度也不高，这对控制系统的稳定性有很大影响。

1.3.1 非线性控制

美国加州大学伯克利分校的 Koo 团队[17]是研究小型无人直升机自主飞行问题的先行者。1998 年，该团队设计了小型无人直升机的非线性控制器。具体方法是将直升机的模型在平衡点处做近似处理，然后对近似模型使用基于输入输出反馈线性化的方法，设计了非线性控制器。但是，这种方法需要精确地得到直升机的数学模型，对模型辨识的要求很高。此外，所完成的研究并没有涉及直升机在大机动、非线性和强耦合条件下的飞行控制问题。

Isidori 等在文献[18]中使用了非线性自适应输出调节的研究成果，提出了一种通过非线性控制器解决无人直升机的自主着舰问题的方法。基于文献[18]的理论结果，Marconi 和 Naldi 在文献[19]中实现了无人直升机多方向任意轨迹的跟踪，并做了相关实验来验证所设计的控制算法的有效性。但是，这些控制器的性能并没有在直升机大机动、强耦合飞行的任务中得到检验。Cai 等在文献[20]中使用非线性反馈控制技术(CNF)实现了对 HeLion 无人直升机偏航角的控制。基于这种非线性反馈控制技术，文献[21]和文献[22]研究了小型无人直升机的轨迹跟踪问题。但是，这些文献并没有继续深入讨论模型不确定性和参数不确定性，所设计的控制器跟踪性能的好坏取决于旋翼无人机建模的精确度。

1.3.2 模糊控制

模糊控制是以模糊集合论、模糊语言变量及模糊逻辑推理为基础的计算机智能控制。Kadmiry 和 Driankov 在文献[23]中设计了模糊变增益控制器，并将其应用到仿真平台 APID - MK3 上。Tao 等在文献[24]中对有两个自由度和两个控制输入的直升机系统进行了解耦分析，然后，基于 Takagi-Sugeno 模型对直升机非线性模型进行了模糊化处理。他根据得到的模糊模型，设计了模糊线性二次型最优调节器，最后使用仿真技术验证了滚转角和偏航角的跟踪特性。Yoneyama 在文献[25]中针对变速率采样的模糊系统进行了研究。针对闭环系统的延时问题，他设计了一种鲁棒 H_∞ 状态反馈控制器，并把该控制器应用于无人直升机控制。但是，这些基于模糊的控制方法并没有研究旋翼无人机在大机动、强耦合情况下的飞行控制问题，此外，这些文献也没有讨论存在外界干扰等恶劣环境条件时旋翼无人机闭环控制系统的跟踪特性。

1.3.3 滑模控制

文献[26]使用了一种可以任意配置滑模极点的控制方法，完成了对直升机垂直起飞和着陆的速度控制，并且通过仿真验证来说明在模型参数不确定的情况下控制器的鲁棒性。但是该论文仅讨论了飞行速度变化的特殊情况，并由此得到了不确定性的摄动界。此外，该文献的仿真验证是在横、纵向分别进行的，并分析给出了多状态耦合情况下闭环控制系统的响应特性。Xu 在文献[27]中结合动态逆控制和滑模控制的特点，提出了一种具有时变反馈增益的控制器来减小不确定性的影响。但是，该文献在蒙特卡罗仿真部分仅讨论了参数不确定性的影响，并没有涉及模型不确定性。Besnard 等在文献[28]中使用一种基于滑模扰动观测器(sliding mode disturbance observer)的方法来抑制四旋翼无人机轨迹跟踪飞行中不确定性的影响。文献[29]设计了一种鲁棒输出调节器来减小模型不确定性和外界扰动的影响。实验结果仅讨论了外界扰动对悬停状态下直升机飞行的影响，对直升机处于大机动、大角度飞行状态下闭环控制系统的稳定性并没有给出足够的证明与分析。

1.3.4 基于状态里卡蒂方程的控制

文献[30]使用了 SDRE 控制方法来解决旋翼无人机位置的控制问题。该小组设计的控制器每 0.02 s 求解一次微分里卡蒂(Riccati)方程，以达到在线修改非线性状态，反馈控制律的目的。但是，这种控制器设计方法依赖于精确的旋翼无人机数学模型。

1.3.5 自适应控制

文献[31]采用的是基于神经网络的自适应控制算法，来解决旋翼无人机滚转角稳定控制的问题，该文献的实验结果部分证明了所设计的滚转角闭环控制系统具有较好的动态响应特性。但是该文献仅考虑了单输入、单输出的简单情形，偏向于简单的滚转角控制，而没有继续深入讨论该控制器形成的闭环控制系统在系统多输入、多输出以及位置和姿态强耦合情况下的系统跟踪特性。Johnson 和 Kannan 在文献[32]中设计了一个基于神经网络的自适应控制器来解决旋翼无人机的自主飞行控制问题。该文献分别设计了外环位置控制器和内环姿态控制器。实验结果表明设计的控制方法具有较好的轨迹跟踪效果。但是，该文献仅给出了跟踪误差有界的理论分析结果。Ishitobi 等在文献[33]中研究了多输入、多输出旋翼无人机的控制策略，并使用了一种基于自适应的动态反馈方法，对旋翼无人机的姿态控制问题进行了讨论。但是，该文献所设计的控制方法不能保证闭环系统在滚转角和俯仰角存在强耦合的情况下，仍然具有良好的跟踪特性。

1.3.6 鲁棒控制

Takahashi 在文献[34]中使用 H_2 控制策略来解决大型实际情况中直升机 UH－60 在低速或者悬停状态下的飞行控制问题。但是在该文献中，Takahashi 仅对直升机在特定的低速或者悬停状态情况下的控制策略进行了研究，而对直升机处于大机动飞行、模型参数摄动范围很大的情况下的实际控制问题并没有继续深入讨论。文献[35]使用 H_∞ 控制方法对实际情况中的大型贝尔－205 直升机进行位置控制仿真。Walker 在文献[36]中对贝尔－205 直升机的横、纵向分别设计 H_∞ 多输入、多输出控制器。文献[37]对韦斯特兰的“山猫”直升机也设计了 H_∞ 控制器。在文献[38]中，Prempain 和 Postlethwaite 对贝尔－205 直升机设计了一个三阶静态次优 H_∞ 回路位置姿态控制器。此外，Trentini 和 Pieper 在文献[39]中充分结合 H_∞ 控制方法和 H_2 控制策略两方面的特点，为实际情形中的贝尔－205 直升机模型设计了 H_2/H_∞ 控制器。但是，上述这些文献所设计的鲁棒控制器偏向于实际中特定情形下的应用，在进行控制器设计时也仅考虑了系统的灵敏度和稳定裕度等几个特定的性能指标，并没有继续深入讨论无人直升机在大机动、强耦合等其他恶劣飞行情况下的控制问题。

1.3.7 强化学习控制

强化学习作为一种不基于模型的自学习最优算法，能够利用未知环境反馈的强化信号迭代学习，得出目标最优的控制策略，其在机器人控制、人工智能、多智能体控制等领域，均有了广泛的应用。目前，强化学习算法正被应用在一些无人飞行器的飞行控制系统当中，以完成复杂的飞行任务。文献[40]针对无人飞行器，基于强化学习设计自适应学习算法进行飞行器内环姿态控制。该控制算法能够适应未知恶劣环境，相比于传统的 PID 控制，能够根据环境变化自动调整控制参数，以完成飞行器实时姿态跟踪。文献[41]基于深度强化学习算法，从无人飞行器的俯视相机中提取低分辨率图像，并在无监督的情况下利用环境交互的奖励反馈学习最优控制策略，实现飞行器自主着陆。文献[42]为解决固定翼无人机非线性姿态控制问题，设计了基于深度强化学习的控制器，以扩大飞行包络。文献[43]针对带有悬挂载荷的四旋翼无人机，设计强化学习控制算法，根据悬挂载荷的目标轨迹实时生成自身参考轨迹，完成无人机悬挂载荷的轨迹跟踪任务。文献[44]针对四旋翼无人机搭建了神经网络并基于强化学习技术进行参数学习。利用强化学习训练好的神经网络可直接将无人机状态信息映射到四旋翼执行器的指令，并控制无人机运动。

1.3.8 其他控制方法

此外，其他控制方法有比例微分(PD)控制方法[45-46]、比例积分微分(PID)控制方法[47]、反馈线性化控制方法[48]、增益调度控制策略[49-53]、最优控制方法[54-59]和模型预测控制方法(MPC)[60-61]。

这些控制方法也在小型旋翼无人机控制中得到了广泛应用。但是，这些方法并没有在旋翼无人机大机动飞行情况下分析控制器的性能。因此，闭环控制系统的鲁棒跟踪特性并不能在无人机在大机动、强耦合条件下飞行时得到充分保证。

1.4 本章小结

本章依次介绍了无人机的基本概念和分类、旋翼无人机的研究背景和研究意义，以及国内外旋翼无人机的研究现状，并列举了目前常用的控制方法以及旋翼无人机控制方法研究的主要方向。

第 2 章　四旋翼飞行器平台设计

2.1　引言

四旋翼飞行器的建模方法很多,根据不同方法得到的模型也具有很大差异。本章把四旋翼飞行器看作一个六自由度的刚体,并基于牛顿-欧拉方程推导得到六自由度四旋翼飞行器的数学模型。此外,还介绍了本书使用的一种小型四旋翼飞行器实验平台。

四旋翼飞行器在空中飞行时具有六个自由度,即三个平移自由度和三个转动自由度。三个平移自由度是把四旋翼飞行器视为刚体,在三维空间中前进后退、上升下降以及左右移动。三个转动自由度分别是抬头低头、左转右转以及滚转运动。

在小型四旋翼飞行器的建模中有两种坐标系应用最为广泛,即地面坐标系和机体坐标系。地面坐标系和机体坐标系具体定义如下。

1) 地面坐标系 $O_EX_EY_EZ_E$

(1) 以四旋翼飞行器在地面上的初始位置为坐标原点 O_E。

(2) X_E 轴在水平面内指向北。

(3) Y_E 轴在水平面内指向东。

(4) Z_E 轴按照右手定则确定,垂直于 X_E-Y_E 平面指向地面。

2) 机体坐标系 $O_BX_BY_BZ_B$

选取四旋翼飞行器质心作为原点,初始阶段与地面坐标系重合。

(1) 原点取在飞行器的质心处,坐标系与机体固连。

(2) X_B 轴在机体的对称平面内,并沿机体的十字轴指向旋翼 1。

(3) Y_B 轴垂直于机体对称平面,指向机身右侧。

(4) Z_B 轴在机体质心处,垂直指向地心。

由图 2.1 可知,可以使用三个欧拉角 (θ, ϕ, ψ) 来表示机体坐标系与地面坐标系之间的关系:首先,飞行器绕 O_BZ_E 轴转动一个角度,即偏航角 ψ,构成 $O_BX'_BY'_BZ_E$ 坐标系;其次,绕 $O_BY'_B$ 轴转动一个角度,即俯仰角 θ,构成 $O_BX_BY'_BZ'_B$ 坐标系;最后,绕 O_BX_B 轴转动一个角度,即为滚转角 ϕ(也叫横滚角)。这样四旋翼无人机就完成了从地面坐标系到机体坐标系的转换。这三个欧拉角也叫作四旋翼飞行器的姿态角,是讨论的重点。图 2.1 所示四旋翼飞行器的三个角运动可以表示为绕机体坐标系 O_BX_B 轴、O_BY_B 轴和 O_BZ_B 轴的转动,定义转动的角速度分别为 p、q、r。使用 u、v、w 来表示四旋翼飞行器的飞行速度在机体坐标系 O_BX_B 轴、O_BY_B 轴和 O_BZ_B 轴上投影。

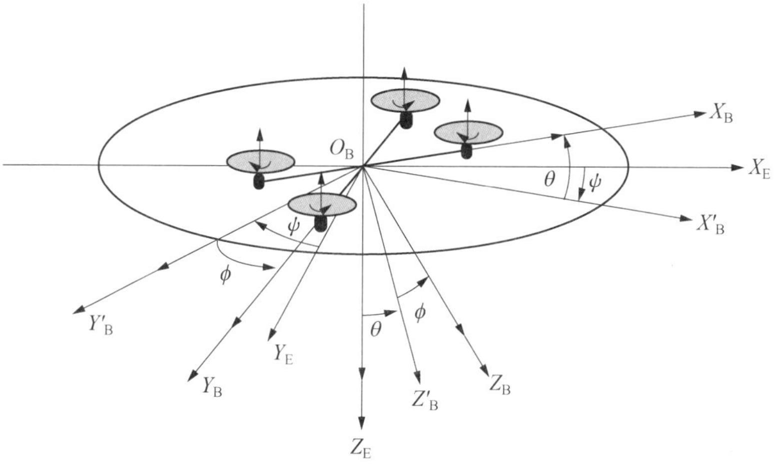

图 2.1　机体坐标系与地面坐标系之间关系

描述四旋翼飞行器的运动和姿态时,需要确立用于参考的坐标系。这里我们将坐标系简化为两个:地面坐标系和机体坐标系。实际上,在实际飞行中还需要考虑气流的影响,要引入气流坐标系来描述气流速度矢量与机体的角度关系。本书暂不考虑气流的影响。

2.2　四旋翼无人机数学模型

在无人飞行器各大种类中,四旋翼无人机凭借其独特的外形和结构成为国内外科研机构研究的热点。与常规布局的单旋翼无人机相比，四旋翼无人机可以使用相对较小的旋翼。这就减小了四旋翼无人机碰到障碍物的可能性，提高了其飞行安全性。此外，四旋翼无人机没有单旋翼无人机的自动倾斜器和尾桨，机械结构相对简单。

四旋翼无人机的结构如图 2.2 所示。从图 2.2 中可见，当前旋翼和后旋翼顺时针旋转，左旋翼和右旋翼逆时针旋转，并且四个旋翼转速一致、产生的升力之和等于四旋翼无人机自重时，四旋翼无人机可以实现静态悬停。如果产生的升力同时增加或减少，那么四旋翼无人机可以实现上升或者下降。当前旋翼和后旋翼减速(加速)且左旋翼和右旋翼加速(减速)，同时四个旋翼产生的升力之和与四旋翼无人机自重相等时，由于存在扭矩差，因此可实现四旋翼无人机的偏航运动。当前旋翼加速(减速)、后旋翼减速(加速)而左旋翼和右旋翼的旋转速度保持不变时，四旋翼无人机可以实现俯仰运动；当左旋翼加速(减速)、右旋翼减速(加速)，而前旋翼和后旋翼的旋转速度保持不变时，四旋翼无人机可以实现滚转运动。基于如上几种基本运动，四旋翼无人机可以实现前飞、侧飞以及其他复杂运动。

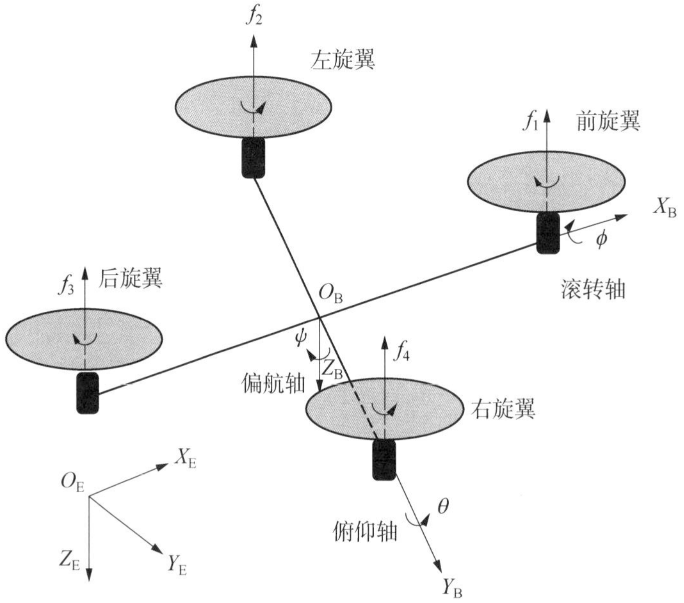

图 2.2 四旋翼无人机结构

四个旋翼分别位于一个几何对称的十字支架的前、后、左、右四端。旋翼由电机控制；整个飞行器依靠改变每个电机的转速来实现飞行姿态控制。前旋翼和后旋翼顺时针旋转，左旋翼和右旋翼逆时针旋转，以平衡旋翼旋转所产生的反扭力矩。由此可知，四旋翼无人机实现空中悬停时，具有如下特点：

(1) 四个旋翼的转速应该相等，以相互抵消反扭力矩。

(2) 同时且等量地增大或减小四个旋翼的转速能实现上升或下降运动。

(3) 增大某一个旋翼的转速，同时且等量地减小同组另一个旋翼的转速，可产生俯仰、滚转运动。

(4) 增大某一组旋翼的转速，同时且等量减小另一组旋翼的转速，将产生偏航运动。

如图 2.2 所示，定义 $\alpha=(X_E, Y_E, Z_E)$ 为地面惯性坐标系，$\beta=(X_B, Y_B, Z_B)$ 为原点在四旋翼无人机质心并且与机体固连的机体坐标系。定义矢量 $\boldsymbol{\xi}=[\xi_x \quad \xi_y \quad \xi_z]^T$ 为机体坐标系的原点相对于地面惯性坐标系的位置，其中 ξ_x 为四旋翼无人机的纵向位置；ξ_y 为横向位置；ξ_z 为高度。

四旋翼无人机的受力分析如图 2.3 所示。旋翼无人机所受外力和力矩如下：

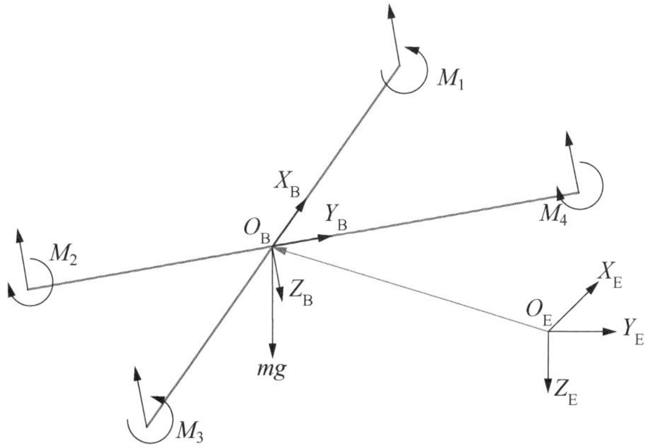

图 2.3　四旋翼无人机受力分析示意图

(1) 重力 mg 沿铅垂方向。

(2) 四个旋翼旋转所产生的升力，沿 Z_B 方向。

(3) 旋翼旋转会产生扭转力矩 M_i，垂直于叶片的旋翼平面，与旋转矢量相反。

令 $\boldsymbol{\eta}=[\theta \quad \phi \quad \psi]^T$ 为四旋翼无人机的三个姿态角：俯仰角 θ、滚转角 ϕ 和偏航角 ψ。这三个欧拉角决定了从四旋翼无人机机体坐标系 β 到地面惯性坐标系 α 的转换矩阵 $\boldsymbol{R}$ 如下：

$$\boldsymbol{R}=\begin{bmatrix}\cos\theta\cos\psi & \cos\psi\sin\phi\sin\theta-\cos\phi\sin\psi & \sin\phi\sin\psi+\cos\phi\cos\psi\sin\theta\\ \cos\theta\sin\psi & \cos\phi\cos\psi+\sin\phi\sin\theta\sin\psi & \cos\phi\sin\theta\sin\psi-\cos\psi\sin\phi\\ -\sin\theta & \cos\theta\sin\phi & \cos\phi\cos\theta\end{bmatrix} \tag{2.1}$$

通过欧拉-拉格朗日方法可得到四旋翼无人机的非线性运动方程如下：

$$\begin{aligned}
\ddot{\xi}_x &= \frac{-a_{x1}\dot{\xi}_x+f(\cos\phi\cos\psi\sin\theta+\sin\phi\sin\psi)}{m}\\
\ddot{\xi}_y &= \frac{-a_{y1}\xi_y-f(\cos\psi\sin\phi-\cos\phi\sin\theta\sin\psi)}{m}\\
\ddot{\xi}_z &= \frac{-a_{z1}\xi_z+f\cos\theta\cos\phi}{m}-g\\
\ddot{\theta} &= -a_{\theta1}\dot{\theta}+\boldsymbol{c}_\theta(\boldsymbol{\eta},\dot{\boldsymbol{\eta}})\dot{\boldsymbol{\eta}}+a_{\theta2}\tau_\theta\\
\ddot{\phi} &= -a_{\phi1}\dot{\phi}+\boldsymbol{c}_\phi(\boldsymbol{\eta},\dot{\boldsymbol{\eta}})\dot{\boldsymbol{\eta}}+a_{\phi2}\tau_\phi\\
\ddot{\psi} &= -a_{\psi1}\dot{\psi}+\boldsymbol{c}_\psi(\boldsymbol{\eta},\dot{\boldsymbol{\eta}})\dot{\boldsymbol{\eta}}+a_{\psi2}\tau_\psi
\end{aligned} \tag{2.2}$$

式中，m 为四旋翼无人机的质量；g 为重力加速度；$a_{j1}(j=x, y, z, \theta, \phi, \psi)$ 和 $a_{i2}(i=\theta, \phi, \psi)$ 为四旋翼无人机参数；$\boldsymbol{c}_i(\boldsymbol{\eta}, \dot{\boldsymbol{\eta}})(i=\theta, \phi, \psi)$ 为科氏项(包括陀螺回转效应项和离心效应项)；f 和 $\boldsymbol{\tau}=[\tau_\theta \quad \tau_\phi \quad \tau_\psi]^{\mathrm{T}}$ 分别为施加到机体的力和力矩，可以通过式(2.3)得到：

$$\begin{aligned}
f &= f_1+f_2+f_3+f_4\\
\tau_\theta &= l_{\mathrm{mc}}(f_1-f_3)\\
\tau_\phi &= l_{\mathrm{mc}}(f_2-f_4)\\
\tau_\psi &= k_f(f_1-f_2+f_3-f_4)
\end{aligned} \tag{2.3}$$

式中，l_{mc} 为电机到飞机质心的距离；$k_f>0$ 为力到力矩的比例系数；$f_i(i=1, 2, 3, 4)$ 分别为前旋翼、左旋翼、后旋翼、右旋翼产生的升力，其具体表达式如下：

$$f_i=k_\omega\omega_i^2 \tag{2.4}$$

式中，k_ω 为一个正常数；$\omega_i(i=1, 2, 3, 4)$ 分别为四个螺旋桨旋转的角速度。

2.3 四旋翼无人机实验平台

基于极飞科技公司的 X650 系列四旋翼无人机，清华大学自动化系导航与控制研究所自主研制了四旋翼无人机系统(Tsinghua autonomous quadrotor system, TAQS)。图2.4是TAQS在空中实现悬停时的照片。

图2.4 TAQS四旋翼无人机系统

TAQS的硬件配置如图2.5所示。机载电子设备主要由如下几部分构成：惯性测量单元(inertial measurement unit, IMU)、GPS模块、声呐传感器、摄像头和飞控计算机。TAQS使用扩展卡尔曼滤波实现了多传感器融合，并且通过机载飞控计算机来执行所设计的鲁棒控制算法。此外，TAQS使用两个无线模块实现了飞行数据的传输。

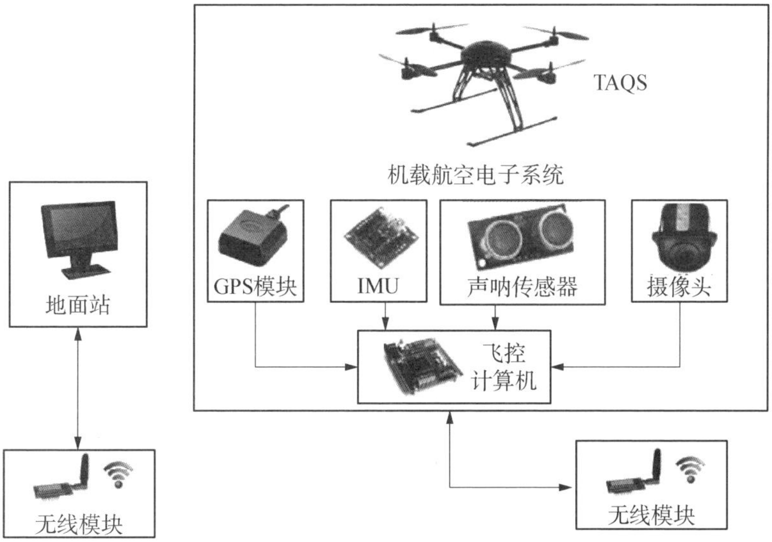

图2.5 TAQS硬件配置

2.3.1 总体设计

四旋翼无人机系统平台的搭建是研究四旋翼无人机的基础，在综合衡量结构、性能、造价的基础上，开发者力求建立一套气动布局合理、质量分布均匀、能耗低、性价比高的四旋翼无人机系统。

尽管不同的四旋翼无人机因为大小、材质、技术、应用目标的不同而千差万别，但是一个完整的、具有自主飞行控制能力的四旋翼无人机系统应该包括如下几个部分（见图 2.6）：

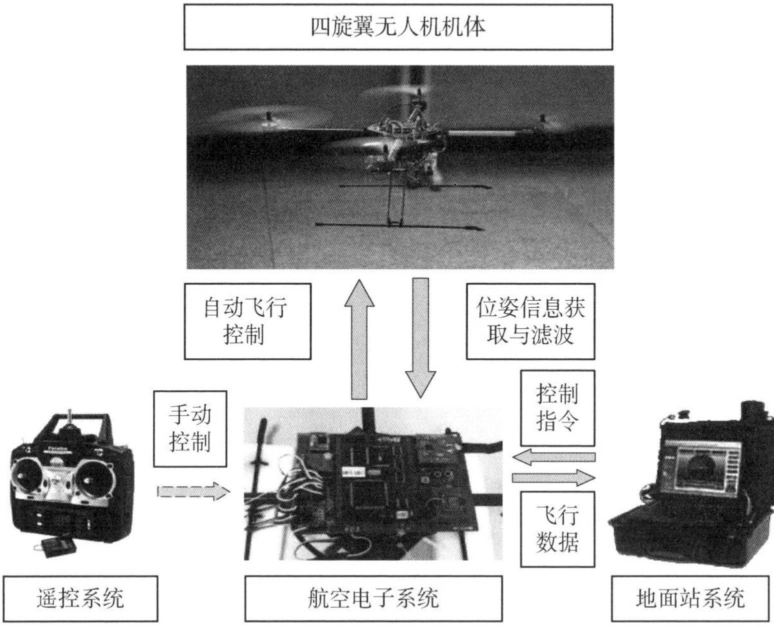

图 2.6　四旋翼无人机自主飞行控制系统示意图

(1) 具有基本机电结构的空中平台（四旋翼无人机机体）。

(2) 能收集飞行数据、运行控制算法、执行导航任务，并与地面站通信的航空电子系统。

(3) 手动控制系统（遥控系统）。

(4) 监控无人机飞行状态的地面站系统。

由于开发目的不同，因此四旋翼无人机机体的选择自由度较大。在机体大小上，除了某些特殊型号外，目前多数四旋翼无人机的长度为 0.5～1.5 m，机体材料为轻质金属、碳纤维等。这是因为四旋翼无人机均采用电机带动旋翼，靠电池供电，采用轻质、结实的机体材料可以降低自重，提高有效载荷，延长飞行时间。当前,电池技术的瓶颈直接制约着四旋翼无人机的滞空时间,因此四旋翼无人机存在有效载荷低、滞空时间短的缺点。电机作为四旋翼无人机的直接动力来源,其有效功率是四旋翼无人机机体选型的重要参数,不同电机可以匹配的旋翼不同,从而输出不同的最大拉力。

自主飞行控制系统(航空电子系统)是四旋翼无人机的核心组成部分,如图 2.7 所示。其组成部分的选择、系统设计和集成,是进行硬件设计的主要研究重点之一。通常一个典型的航空电子系统需要一个或多个飞控计算机作为CPU,来完成传感器信息采集与分析、控制计算、通信、数据记录等工作。传感器系统是航空电子系统中另一个必不可少的组成部分,综合各传感器数据,可以为四旋翼无人机提供所有必要的飞行数据支持。航空电子系统还应该具备与地面站的通信能力,并且拥有可靠的数据存储设备,能够记录下必需的飞行数据。

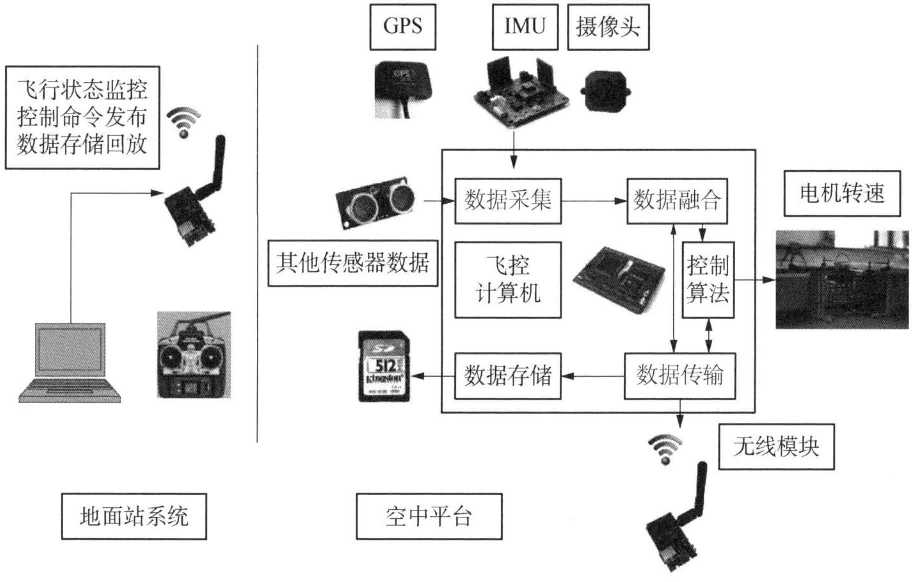

图 2.7　自主飞行控制系统硬件功能示意图

从原则上来讲,一个四旋翼无人机的自主飞行系统不应该包括手动控制系统。但是,为安全起见,现在的无人机系统基本上仍保留着这样的备份。一般情况下,手动控制通过遥控系统来实现。

最后一个必要的组成部分就是地面站。其主要职责是维持人与无人机系统、地面系统与空中系统的有效通信。为了实现这一目标,地面站一般具备如下基本功能:

(1) 显示和监测无人机的飞行状态。

(2) 发送控制命令。

(3) 生成和更新飞行轨迹,甚至在三维虚拟环境中模拟实际飞行状态。

(4) 飞行数据记录与回放等。

确定了四旋翼无人机的系统组成与结构后,在硬件的设计与选型上,仍需注意如下原则:

(1) 由于小型四旋翼无人机载重量有限,因此应尽量选择质量小、强度好的机械结构。

(2) 为了便于日后的系统升级与维护,应尽量采用标准接口,模块化设计。

2.3.2 四旋翼无人机机体的选择

由于四旋翼无人机的机体结构简单,因此许多航模爱好者甚至自己设计、制作了简易的遥控四旋翼无人机。在初期,笔者曾考虑过自行设计、制作机体平台,这样的好处是能够自由选择机体尺寸、材料,容易获得与机械结构相关的参数。但相应的缺点是开发周期长、精度不易保证、小规模定制成本高等。所以购买现有的遥控四旋翼产品是更好的选择。考虑到从国外购买产品花费大、时间周期长、维修不便等问题,最终选择了国产的极飞科技 X650 机体,如图 2.8 所示。

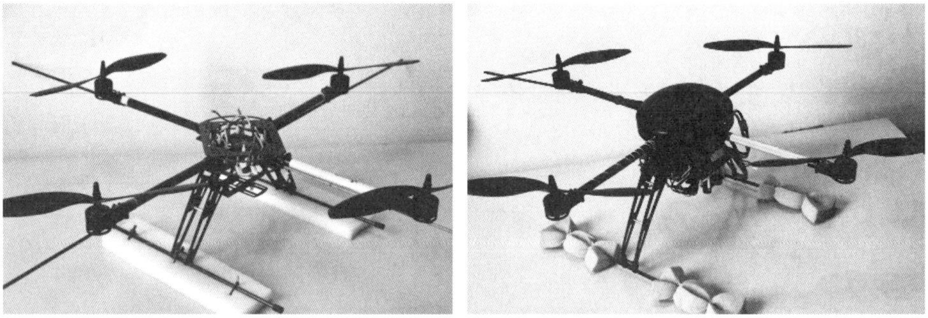

图 2.8 X650 机体与在其基础上研制的四旋翼无人机

X650 机体采用碳纤维材料与合金连接件,最大长度为 955 mm,高 150 mm,使用 12 in[①] 螺旋桨,最大安全起飞质量为 1 800 g,有效负载超过 500 g。使用外转子直流无刷电机,单电机最大拉力达到 10 N,搭载 3S 3 300 mA · h 的锂电池,在起飞质量为 1 500 g 时,滞空时间超过 12 min。

---

① in,长度单位,1 in≈25.4 mm。

2.3.3 飞行控制系统的硬件设计

本书设计的四旋翼无人机飞行控制系统的硬件结构如图 2.9 所示。本系统采用 TI 公司的高性能浮点数字信号处理器(DSP)作为飞控计算机。出于控制成本的考虑,没有选择集成的惯性测量单元(IMU),而是由分立式惯性器件自主搭建 IMU,并配合滤波算法获取航姿信息。其传感器包括超声测距传感器、光流传感器、电子罗盘等。所设计系统采用 ZigBee 模块作为无线通信装置,并配备 MicroSD 卡作为在线数据存储器,可以实现飞行数据实时保存。

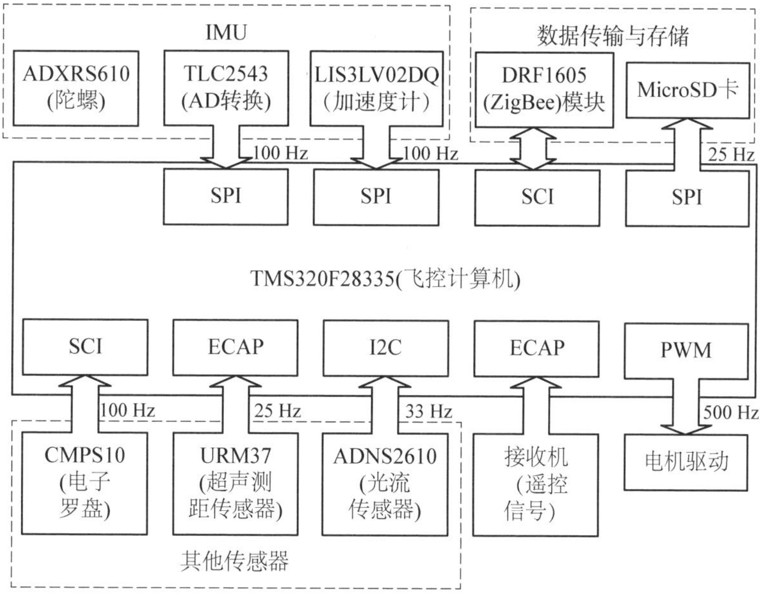

图 2.9 飞控系统硬件结构图

2.3.3.1 飞控计算机

飞控计算机是四旋翼无人机航空电子系统的"大脑",在已知的四旋翼控制系统设计方案中,采用的有高性能单片机、DSP、高级精简指令集处理器(ARM)、可编程逻辑门阵列(FPGA)等。TI 公司针对控制推出的 C2000 系列通用 DSP 具有功耗低、性能高、外设接口丰富、编程开发兼容性好等特点,能够很好地满足需求。本系统选择南京研旭电气科技有限公司开发的 TMS320F28335 核心板,如图 2.10 所示。该核心板基于 TI 公司的 TMS320F28335 高性能 32 位浮点 DSP,主频为 150 MHz,拥有丰富的片上外设:脉冲宽度调制(PWM)18 路;高分辨率脉冲宽度调制(HRPWM)6 路;捕获寄存器(CAP)6 路;正交编码器脉冲(QEP)2 通道;模数转换器(ADC)2×8 通道,12

位，80 ns 转换时间，0.3V 输入量程；串行通信接口（SCI）3 通道；多通道缓冲串行端口（MCBPS）2 通道；控制器局域网络（CAN）2 通道；串行外设接口（SPI）1 通道；内部集成电路（I2C）1 通道。该开发板为六层板设计，信号稳定可靠。

图 2.10 TMS320F28335 核心板

2.3.3.2 传感器系统

传感器系统是四旋翼无人机自主飞行控制系统的重要组成部分，相当于四旋翼无人机的“感觉器官”，无人机的所有位姿信息都通过传感器系统来获取，因此传感器子系统数据的准确、可靠对自主飞行尤为重要。所设计系统目前的传感器系统包括惯性测量单元（IMU）、电子罗盘、超声测距传感器、光流传感器等。

出于控制成本的目的，本书选用普通分立式元件搭建的惯性测量单元 IMU，主要传感器为 HQ7001 数字三轴加速度计模块和 3 个 ADXRS610 单轴陀螺仪。HQ7001 数字三轴加速度计模块采用 ST 公司的 LIS3LV02DQ 加速度计，输出加速度数字信号，提供 SPI/I2C 数字接口，可选择 $\pm 2g$ 和 $\pm 6g$ 量程，分辨率可选择 12 位或 16 位。AD 公司生产的 ADXRS610 微机械单轴陀螺仪采用独特的表面微机械加工工艺，将机械结构与信号处理电路都集成到一颗单芯片上，在严峻的工作条件下比其他陀螺仪的可靠性高、功耗低、易于使用、尺寸小、成本低。ADXRS610 采用球阵列封装（BGA），以电压值输出绕 Z 轴方向的角速度，可测量量程为 $\pm 300(°)/s$，带宽为 2 kHz。

CMPS09 是一款带倾斜补偿的电子罗盘。模块上附带了一个三轴磁力计和一个三轴加速度计，由于采用一块 16 位单片机，因此模块可以补偿倾斜带来的测量误差；同时，模块也可以直接输出未处理的地磁强度原始数据。CMPS09 模块提供了三种工作模式，分别采用串口、I2C 和 PWM 进行通信。

由于四旋翼无人机飞行高度较低，所以目前选用超声传感器进行飞行高度测量。URM37 超声测距模块是一款带有温度补偿功能的超声传感器，可测范围为 0.04～5 m。该模块可以工作在主动测量模式或者被动模式，通过串口直接输出测量结果，或者输出 PWM 波形，以脉冲宽度表示测量结果。

ADNS2610 传感器是基于光流法的图像传感器，通常用在光电鼠标中。传感器集成了图像采集功能和数据处理功能，输出数据就是图像在 X 和 Y 方向的位移量 ΔX 和 ΔY。将位移量 ΔX 和 ΔY 除以位移时间 t，就得到图像的移动速度。ADNS2610 的图像传感器具有 400 cpi（每英寸的采样率）的解析度，可以检测速度高达 12 in/s 的运动，结构小巧，可靠性高。在配上合适的透镜系统后，其直接可以用于测量四旋翼无人机在水平面上的二维运动速度，并用于位置的闭环控制。

传感器与飞控计算机的接口与采样频率如图 2.9 所示，从图中可以看到 IMU 器件的采样频率较高，达到了 100 Hz，这是因为四旋翼无人机飞行中的姿态信息主要由 IMU 提供。较高频率的采样率才能保证良好的滤波效果，从而确保控制效果。而超声测距与光流传感器等受限于传感器自身工作原理或者计算速度，采样率略低，但是由于这类传感器提供的是高度、位置等慢变量的信息，因此从控制需求上来看，这样的采样频率是能满足要求的。

2.3.3.3　数据传输与存储系统

数据传输与存储系统包括一个 DRF1605（ZigBee）模块（见图 2.11）以及一张 MicroSD 卡。

图 2.11　DRF1605(ZigBee)模块

ZigBee 技术基于 IEEE 802.15.4，是一种短距离无线通信技术，具有功耗低、成本低、时延短、自组织、网络容量大、安全可靠等特点。ZigBee 网络定义了三种网络角色，分别是网络协调器节点(coordinator)、网络路由器节点(router)、网络终端节点(end device)。

(1) 网络协调器节点：负责网络的建立(WPAN formation)及网络地址(short address)的分配，每个网络中有且仅有一个。

(2) 网络路由器节点：负责找寻、建立及修复资料包路由路径(routing path)，并负责转送资料包，同时也可将网络地址(short address)配置给子节点(child)。

(3) 网络终端节点：只能选择加入已经形成的网络，可传送资料。

本系统采用 DRF1605 模块构建无线通信网络，以实现空中平台与地面站之间以及四旋翼无人机之间的通信。DRF1605 模块基于 TI 公司的 CC2530F256 芯片，运行 ZigBee2007/PRO 协议，主控制器通过 SCI 外设与 DRF1605 模块相连接。系统上电后，所有的模块都可以自动组网，连接在地面站上的协调器节点自动给所有的节点分配地址，整个分配地址与网络加入、应答等专业 ZigBee 组网流程不需要人工干预。组网成功后，可以实现方便的数据传输，协调器节点从地面站接收的数据会自动发送给所有节点，任意节点从飞控计算机串口接收的数据，也会自动发送给协调器节点，进而被地面站获取，这样即可在任意节点间进行数据传输。ZigBee 这种自组织、易扩展的特性可以为后续多机飞行的通信组网提供极大的便利。

MicroSD 卡主要用于存储传感器采集的原始数据以及部分比较重要的飞行数据，作为四旋翼无人机的“黑匣子”。若飞行过程中出现故障，则可以读取 MicroSD 卡中的数据分析故障原因，并进一步改进。系统中，主控制器通过通用型输入输出(GPIO)引脚模拟 SPI 协议时序，完成与 MicroSD 卡的通信。

2.3.4 飞行控制系统的软件设计

在飞行控制系统的硬件实现基础上，独立设计、开发了飞行控制程序。本节给出飞行控制程序的软件设计实现，图 2.12 给出了机载飞控程序的整体流程。

2.3.4.1 主程序

系统上电后，首先将程序从 DSP 的闪存(flash memory)中拷贝到随机存储器(RAM)中，这样可以提高程序的运行效率。对各种变量进行初始化后，main 函数(主程序)进入无限空循环。而 10 ms 一次的 CPU 主中断调用执行飞行控

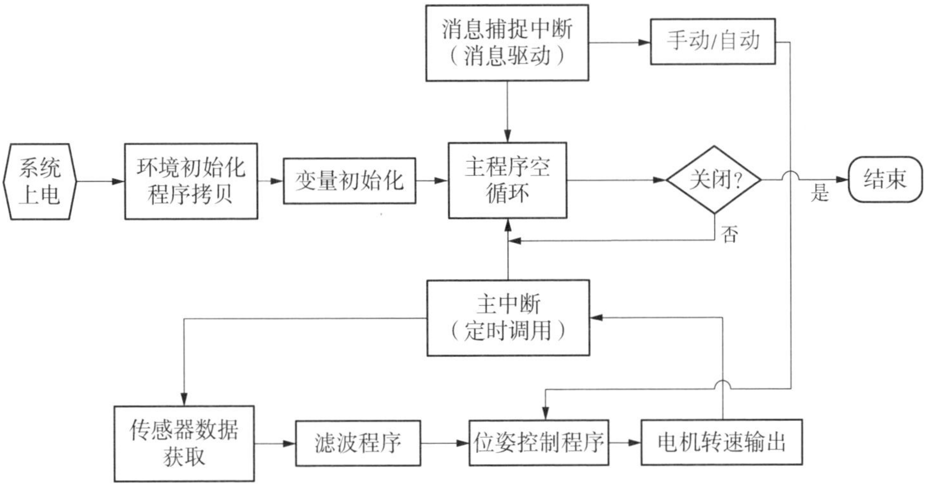

图 2.12　机载飞控程序的整体流程

制程序，这样可以保证严格的运行时间和执行效率。在主中断中，程序首先从各传感器获取数据，然后将加速度计、陀螺仪、电子罗盘的原始数据进行滤波融合，解算出四旋翼无人机的姿态角(欧拉角)，将超声传感器数据解算为高度值，将光流传感器或 GPS 数据解算为四旋翼无人机的位置、速度信息。再调用控制程序，根据位置和速度闭环控制器，给出目标姿态角；根据高度闭环控制器，给出四旋翼无人机的升力控制；根据姿态角闭环控制器，结合高度控制器输出，给出 4 个电机的转速控制值，最后输出结果到电调。电调控制电机作为系统的执行机构做出相应的飞行动作。为了预防意外情况，在程序中还有对控制模式的管理，当遥控系统将控制模式切换到手动时，控制程序将由自动切换为手动，此时四旋翼无人机完全由遥控信号操控，操作习惯与商用的遥控无人直升机产品完全相同。

2.3.4.2　滤波程序

由于受自身性能限制及外界干扰影响，因此在四旋翼无人机飞行过程中，往往不能直接使用传感器测量的数据，而要通过数据滤波与融合，提取有效数据，滤掉噪声，从而获取有效的导航信息。所设计系统先后采用扩展卡尔曼滤波和反馈补偿滤波等方法，用于四旋翼无人机的飞行姿态信息的获取。图 2.13 给出了利用惯性导航传感器数据，通过改进的反馈补偿滤波算法，获取四旋翼无人机三轴姿态角的程序实现流程图。

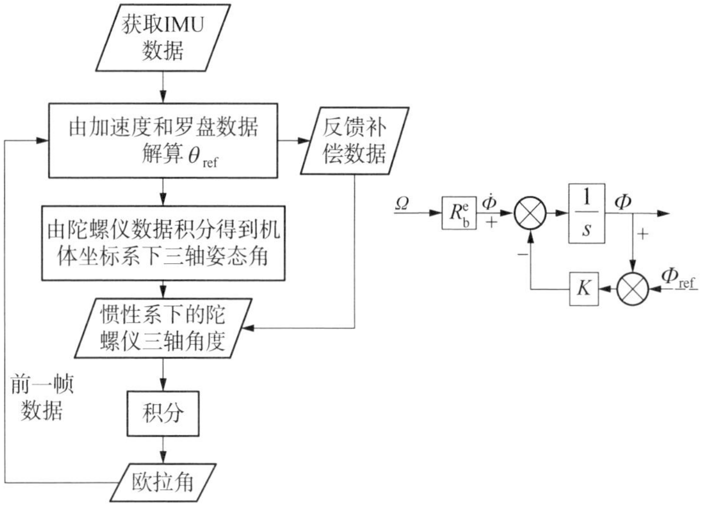

图 2.13　滤波程序流程图

2.3.4.3　位姿控制程序

本系统设计了嵌套的内外环控制结构，内环是姿态控制环，外环是位置控制环，参看第 5 章控制器设计。图 2.14 给出了位姿控制程序的控制实现流程。

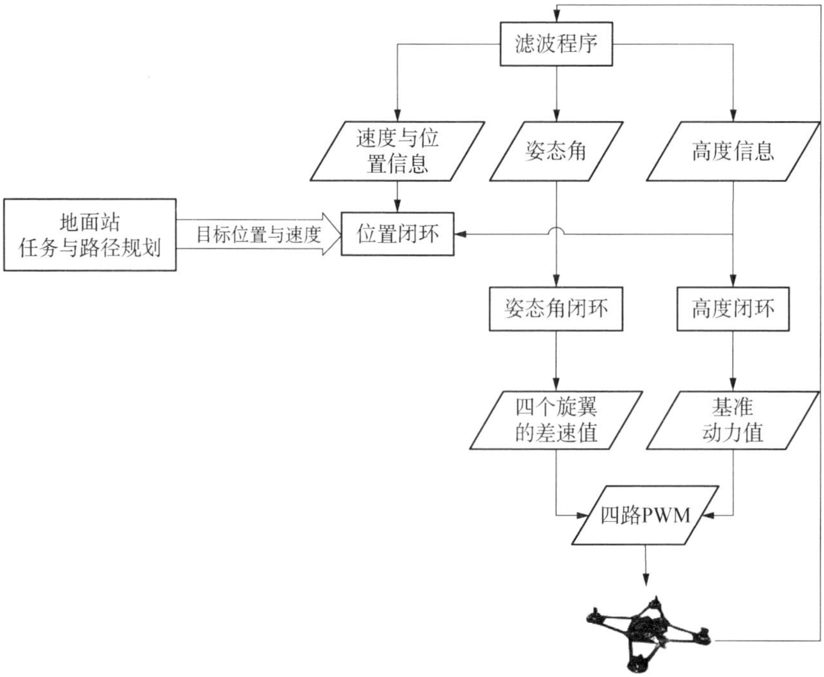

图 2.14　位姿控制程序的控制实现流程图

由传感器数据经过滤波后得到机体在地面导航坐标系下的位置、速度和高度信息，以及通过无线通信从地面站发布的目标位置、速度和高度共同作为位置闭环的输入，经过位置闭环控制器计算，输出目标姿态角。此目标姿态角作为内环控制器（姿态角闭环）的输入数据，与传感器观测到的机体现有姿态进行比较，控制的输出量实际上是旋翼升力的差值控制 u_2、u_3、u_4，分别对应滚转角、俯仰角和偏航角。由此，输出给电调的四个电机的转速控制信号 PWM 数值可通过式(2.5)得到：

$$\begin{aligned} \mathrm{PWM_{m1}} &= \alpha(u_1 + \beta u_4 - u_3) \\ \mathrm{PWM_{m2}} &= \alpha(u_1 - \beta u_4 - u_2) \\ \mathrm{PWM_{m3}} &= \alpha(u_1 + \beta u_4 + u_3) \\ \mathrm{PWM_{m4}} &= \alpha(u_1 - \beta u_4 + u_2) \end{aligned} \tag{2.5}$$

2.3.5　地面站子系统与遥控辅助

目前地面站系统由一台运行 Windows 操作系统的笔记本计算机与 ZigBee 无线传输模块组成。地面站实现的功能如下：

(1) 飞行状态监测，包括飞行数据的实时接收、显示与存储。

(2) 飞行控制器的初始化与参数修改。

(3) 控制指令发布、简单的航迹规划与命令。

(4) 飞行数据回放。

遥控控制作为四旋翼无人机的安全备份，十分有必要。所设计系统采用的 FUTABA 6EXHP 六通道遥控器操作简便，是入门级遥控设备中性能突出的型号。将其中的一个上下拨动式开关设置为模式切换，飞控计算机通过对遥控接收机六路信号的捕获分析，可以准确地将四旋翼无人机控制在自动模式或手动遥控模式。这在飞行实验中对处理紧急情况、保护人员与设备安全是十分有效的。

2.4　本章小结

本章建立了四旋翼无人机的数学模型。在此基础上，详细介绍了该种四旋翼无人机的硬件实现过程和实际的实验平台。通过全面介绍四旋翼无人机的系统设计与实现的全过程，从整体方案到局部子系统，针对系统的软硬件设计进行了详细描述。本章完成了针对实际过程中四旋翼无人机系统模型的逐层次搭建，为后续章节继续深入的研究工作奠定了平台基础。

第3章　四旋翼无人机鲁棒姿态控制

3.1　引言

如文献[62－74]所述,四旋翼无人机系统动态包含参数不确定性、非线性动态、耦合动态以及外界扰动,因此其控制器设计很具有挑战性。而其中的姿态控制器是四旋翼无人机控制系统的核心组成部分,直接决定内环控制系统的稳定性和跟踪性能。

文献[63]和文献[65]在没有讨论不确定性的情况下分别设计了比例微分(PD)控制器和比例积分微分(PID)控制器,并实现了四旋翼无人机的自主飞行,但没有深入讨论不确定性对闭环系统的影响。部分文献在知道精确数学模型的情况下使用基于嵌套饱和非线性控制方法[62]、动态逆控制方法[66]、基于奇异扰动原理的分层控制方法[67]和非线性反馈控制方法[68]来实现四旋翼无人机的飞行控制。文献[70]设计了基于四元数的姿态控制器,并通过实际的飞行实验结果验证在外界扰动情况下悬停飞行的效果。文献[63]和文献[65]分别设计了模型预测控制器和指令滤波控制器来实现四旋翼无人机的姿态和位置控制,但在其仿真和实验中,该文献所讨论的不确定性种类局限于时不变外界扰动,并且没有充分讨论其参数不确定性对闭环控制系统稳定性的影响。文献[73]设计了一种滑模观测器,把扰动看作一个新状态,从而估计这个新状态的大小。文献[74]设计了一种光滑的滑模反馈控制器,但是文献[73]和文献[74]中的滑模控制方法需要一个暂态过程来估计外界时变扰动的影响,因此并不能保证闭环控制系统的动态跟踪性能。

本章提出一种新的四旋翼无人机鲁棒姿态控制方法,设计的控制器由标称

PD 控制器和鲁棒补偿控制器两个部分组成。其中 PD 控制器用来实现标称闭环控制系统对参考信号的跟踪,鲁棒补偿控制器用来抑制不确定性的影响。相比于现有文献对四旋翼无人机的研究,本章所提出的控制器可以抑制各种不确定性对四旋翼无人机闭环控制系统的影响,并通过理论证明该控制器下的姿态跟踪误差是最终有界的,其范围可以通过选取鲁棒补偿控制器的参数来给定。此外,本章所设计的控制器是线性时不变的,易于工程实现。

3.2　鲁棒姿态控制问题描述

如图 3.1 所示,根据文献[63],通过拉格朗日方法可推导得到四旋翼无人机三个角运动的数学模型,如下所示:

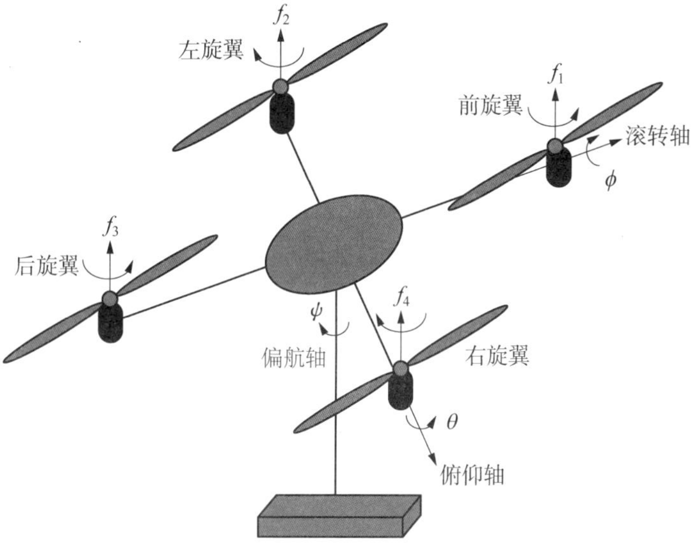

图 3.1　四旋翼结构示意图

$$\begin{aligned}\ddot{\theta}(t) &= \boldsymbol{c}_{\theta}[\boldsymbol{\eta}(t),\dot{\boldsymbol{\eta}}(t)]\dot{\boldsymbol{\eta}}(t) + a_{\theta 2}\tau_{\theta}(t) + d_1(t)\\ \ddot{\phi}(t) &= \boldsymbol{c}_{\phi}[\boldsymbol{\eta}(t),\dot{\boldsymbol{\eta}}(t)]\dot{\boldsymbol{\eta}}(t) + a_{\phi 2}\tau_{\phi}(t) + d_2(t)\\ \ddot{\psi}(t) &= \boldsymbol{c}_{\psi}[\boldsymbol{\eta}(t),\dot{\boldsymbol{\eta}}(t)]\dot{\boldsymbol{\eta}}(t) + a_{\psi 2}\tau_{\psi}(t) + d_3(t)\end{aligned} \tag{3.1}$$

式中,$a_{i2}(i=\theta, \phi, \psi)$ 为正常数;$d_i(t)(i=1, 2, 3)$ 为外界扰动;$\tau_{\theta}(t)$、$\tau_{\phi}(t)$ 和 $\tau_{\psi}(t)$ 分别为绕俯仰轴、滚转轴和偏航轴的力矩;$\boldsymbol{c}_j[\boldsymbol{\eta}(t),\dot{\boldsymbol{\eta}}(t)](j=\theta, \phi, \psi)$ 为科氏项。力矩和力的具体表达式如式(2.3)和式(2.4)所示。

定义控制输入 $u_i(t)(i=1, 2, 3)$ 如下：

$$
\begin{aligned}
u_1(t) &= \omega_1^2(t) - \omega_3^2(t) \\
u_2(t) &= \omega_2^2(t) - \omega_4^2(t) \\
u_3(t) &= \omega_1^2(t) - \omega_2^2(t) + \omega_3^2(t) - \omega_4^2(t)
\end{aligned} \tag{3.2}
$$

令 $u_{\mathrm{T}} = \omega_1^2(t) + \omega_2^2(t) + \omega_3^2(t) + \omega_4^2(t)$。

注释 3.1: 四旋翼无人机普遍安装一个控制输入分配系统，用来把控制输入 $u_i(i=1, 2, 3)$ 和 u_{T} 分配给四个电机。因此，可以通过直接改变控制输入 $u_i(i=1, 2, 3)$ 来实现三个姿态角的运动。理论上，u_{T} 可取任意值。但是在姿态控制问题研究中，设定 u_{T} 为可近似抵消无人机的重力。

令

$$
\begin{aligned}
b_1 &= a_{\theta 2} l_{\mathrm{mc}} k_{\omega} \\
b_2 &= a_{\phi 2} l_{\mathrm{mc}} k_{\omega} \\
b_3 &= a_{\psi 2} k_f k_{\omega}
\end{aligned} \tag{3.3}
$$

则式(3.1)可以改写如下：

$$
\begin{aligned}
\ddot{\theta}(t) &= b_1^{\mathrm{N}}[u_1(t) + q_1(t)] \\
\ddot{\phi}(t) &= b_2^{\mathrm{N}}[u_2(t) + q_2(t)] \\
\ddot{\psi}(t) &= b_3^{\mathrm{N}}[u_3(t) + q_3(t)]
\end{aligned} \tag{3.4}
$$

式中，$b_i^{\mathrm{N}}(i=1, 2, 3)$ 为 $b_i(t)$ 的标称参数；$q_i(t)$ 为等价干扰，其表达式如下：

$$
\begin{aligned}
q_1(t) &= \frac{\boldsymbol{c}_{\theta}[\boldsymbol{\eta}(t), \dot{\boldsymbol{\eta}}(t)]\dot{\boldsymbol{\eta}}(t) + (b_1 - b_1^{\mathrm{N}})u_1(t) + d_1(t)}{b_1^{\mathrm{N}}} \\
q_2(t) &= \frac{\boldsymbol{c}_{\phi}[\boldsymbol{\eta}(t), \dot{\boldsymbol{\eta}}(t)]\dot{\boldsymbol{\eta}}(t) + (b_2 - b_2^{\mathrm{N}})u_2(t) + d_2(t)}{b_2^{\mathrm{N}}} \\
q_3(t) &= \frac{\boldsymbol{c}_{\psi}[\boldsymbol{\eta}(t), \dot{\boldsymbol{\eta}}(t)]\dot{\boldsymbol{\eta}}(t) + (b_3 - b_3^{\mathrm{N}})u_3(t) + d_3(t)}{b_3^{\mathrm{N}}}
\end{aligned} \tag{3.5}
$$

假设 3.1: 不确定参数 $a_i(i=\theta, \phi, \psi)$、$l_{\mathrm{mc}}$、$k_f$ 和 k_{ω} 是有界的。

定义 $\rho_i = \dfrac{|b_i - b_i^{\mathrm{N}}|}{b_i^{\mathrm{N}}}(i=1, 2, 3)$。

假设 3.2: $\rho_i(i=1, 2, 3)$ 满足 $\rho_i < 1$。

注释 3.2: 如果 $b_i^{\mathrm{N}}(i=1, 2, 3)$ 是充分大的正常数，那么 b_i 是正的且假设

3.2 成立。

假设 3.3: 对于 $c_i[\boldsymbol{\eta}(t), \dot{\boldsymbol{\eta}}(t)](i=\theta, \phi, \psi)$，存在正常数 ζ_{ci1} 和 ζ_{ci0} 满足：

$$\|c_i[\boldsymbol{\eta}(t), \dot{\boldsymbol{\eta}}(t)]\|_\infty \leqslant \zeta_{ci1}\|\boldsymbol{X}\|_\infty + \zeta_{ci0} \tag{3.6}$$

假设 3.4: 外界时变扰动 $d_i(t)(i=1, 2, 3)$ 是有界的。俯仰角、滚转角和偏航角的参考信号是 $r_i(t)(i=1, 2, 3)$。

假设 3.5: 参考信号及其导数 $r_i^{(k)}(t)(i=1, 2, 3; k=0, 1, 2)$ 是分段连续有界的。

定义状态矢量 $\boldsymbol{X}(t)=[x_1(t) \quad x_2(t) \quad \cdots \quad x_6(t)]$，其中 $x_1(t)=\theta(t)-r_1(t)$，$x_2(t)=\phi(t)-r_2(t)$，$x_3(t)=\psi(t)-r_3(t)$，$x_{i+3}(t)=\dot{x}_i(t)(i=1, 2, 3)$。

本章将要研究如下控制问题：设计一个四旋翼无人机鲁棒姿态控制器，对给定的正常数 ε 和给定的初始条件 $\boldsymbol{X}(0)$，存在一个正常数 T^*，使状态 $\boldsymbol{X}(t)$ 有界且满足：

$$\max_k |x_k(t)| \leqslant \varepsilon, \forall t \geqslant T^* \tag{3.7}$$

3.3 鲁棒姿态控制器设计

在本节中，首先为标称线性系统设计 PD 控制器，然后引入鲁棒补偿控制器来抑制等价干扰 $q_i(t)(i=1, 2, 3)$ 的影响。

第一步，令 $\boldsymbol{u}(t)=[u_1(t) \quad u_2(t) \quad u_3(t)]^{\mathrm{T}}$。控制输入 $\boldsymbol{u}(t)$ 及其每个元素 $u_i(t)(i=1, 2, 3)$ 包括两个部分：PD 控制输入部分和鲁棒补偿输入部分，并满足如下表达形式：

$$u_i(t)=u_i^{\mathrm{PD}}(t)+u_i^{\mathrm{RC}}(t) \tag{3.8}$$

定义 $\boldsymbol{q}(t)=[q_1(t) \quad q_2(t) \quad q_3(t)]^{\mathrm{T}}$。由式(3.4)可得四旋翼无人机误差模型如下：

$$\dot{\boldsymbol{X}}(t)=\boldsymbol{A}\boldsymbol{X}(t)+\boldsymbol{B}[\boldsymbol{u}(t)-\boldsymbol{r}(t)+\boldsymbol{q}(t)] \tag{3.9}$$

式中，$\boldsymbol{r}(t)=\left[\dfrac{\ddot{r}_1(t)}{b_1^{\mathrm{N}}} \quad \dfrac{\ddot{r}_2(t)}{b_2^{\mathrm{N}}} \quad \dfrac{\ddot{r}_3(t)}{b_3^{\mathrm{N}}}\right]^{\mathrm{T}}$，且

$$\boldsymbol{A}=\begin{bmatrix}0&0&0&1&0&0\\0&0&0&0&1&0\\0&0&0&0&0&1\\0&0&0&0&0&0\\0&0&0&0&0&0\\0&0&0&0&0&0\end{bmatrix},\ \boldsymbol{B}=\begin{bmatrix}0&0&0\\0&0&0\\0&0&0\\b_1^{\mathrm{N}}&0&0\\0&b_2^{\mathrm{N}}&0\\0&0&b_3^{\mathrm{N}}\end{bmatrix} \tag{3.10}$$

设计三个姿态通道的 PD 反馈控制律如下：

$$u_i^{\mathrm{PD}}(t)=-k_i^{\mathrm{p}}x_i(t)-k_i^{\mathrm{d}}\dot{x}_i(t)+\frac{\ddot{r}_i(t)}{b_i^{\mathrm{N}}},\quad i=1,2,3 \tag{3.11}$$

然后把式(3.11)代入式(3.9),可得到如下误差方程：

$$\dot{\boldsymbol{X}}(t)=\boldsymbol{A}_{\mathrm{H}}\boldsymbol{X}(t)+\boldsymbol{B}[\boldsymbol{u}^{\mathrm{RC}}(t)+\boldsymbol{q}(t)] \tag{3.12}$$

式中，$\boldsymbol{A}_{\mathrm{H}}=\boldsymbol{A}-\boldsymbol{BK}$，且

$$\boldsymbol{K}=\begin{bmatrix}k_1^{\mathrm{p}}&0&0&k_1^{\mathrm{d}}&0&0\\0&k_2^{\mathrm{p}}&0&0&k_2^{\mathrm{d}}&0\\0&0&k_3^{\mathrm{p}}&0&0&k_3^{\mathrm{d}}\end{bmatrix} \tag{3.13}$$

注释 3.3:通过忽略等价干扰 $\boldsymbol{q}(t)$，可以认为式(3.12)是标称闭环系统。在保证矩阵 $\boldsymbol{A}_{\mathrm{H}}$ 为赫尔维茨矩阵的情况下，选择矩阵 $\boldsymbol{A}_{\mathrm{H}}$ 来指定标称闭环控制系统的跟踪性能。在实际应用中，反馈增益 k_i^{p} 和 $k_i^{\mathrm{d}}(i=1,2,3)$ 可以通过线性二次型调节器(LQR)方法或者极点配置方法来获得。

第二步，引入鲁棒补偿控制器抑制等价干扰 $\boldsymbol{q}(t)$ 的影响。设计鲁棒补偿控制器如下：

$$\begin{aligned}\boldsymbol{u}^{\mathrm{RC}}(s)&=-\boldsymbol{F}(s)\boldsymbol{q}(s)\\&=-\mathrm{diag}[F_1(s),F_2(s),F_3(s)]\boldsymbol{q}(s)\end{aligned} \tag{3.14}$$

式中，$F_i(s)(i=1,2,3)$ 为鲁棒滤波器，满足以下条件：

$$F_i(s)=\frac{g_{i1}g_{i2}}{(s+g_{i1})(s+g_{i2})},\quad i=1,2,3 \tag{3.15}$$

注释 3.4:如果鲁棒补偿控制器参数 g_{i1} 和 $g_{i2}(i=1,2,3)$ 是充分大的正数，那么鲁棒滤波器 $F_i(s)(i=1,2,3)$ 拥有充分大的带宽，且在其带宽范围内

鲁棒滤波器的增益近似为 1。在这种情况下，鲁棒补偿控制器控制输入 $u_i^{\mathrm{RC}}(t)(i=1, 2, 3)$ 将分别近似于 $-q_i(t)(i=1, 2, 3)$。等价干扰 $q_i(t)(i=1, 2, 3)$ 对闭环控制系统的影响会被抑制。

但在实际应用中，式(3.14)中的等价干扰 $\boldsymbol{q}(s)$ 并不能通过直接测量得到。因此，由式(3.9)可得：

$$q_i(t)=\frac{\ddot{x}_i(t)-b_i^{\mathrm{N}}u_i(t)+\ddot{r}_i(t)}{b_i^{\mathrm{N}}},\quad i=1, 2, 3 \tag{3.16}$$

由式(3.14)和式(3.16)可知，鲁棒补偿控制器的控制输入 $u_i^{\mathrm{RC}}(t)(i=1, 2, 3)$ 可实现：

$$\begin{aligned}
\dot{z}_{i1}(t)&=-g_{i2}z_{i1}(t)-g_{i2}^2x_i(t)+b_i^{\mathrm{N}}u_i(t)-\ddot{r}_i(t)\\
\dot{z}_{i2}(t)&=-g_{i1}z_{i2}(t)+(g_{i1}+g_{i2})x_i(t)+z_{i1}(t)\\
u_i^{\mathrm{RC}}(t)&=\frac{g_{i1}g_{i2}[z_{i2}(t)-x_i(t)]}{b_i^{\mathrm{N}}},\ i=1, 2, 3
\end{aligned} \tag{3.17}$$

鲁棒姿态控制系统如图 3.2 所示。

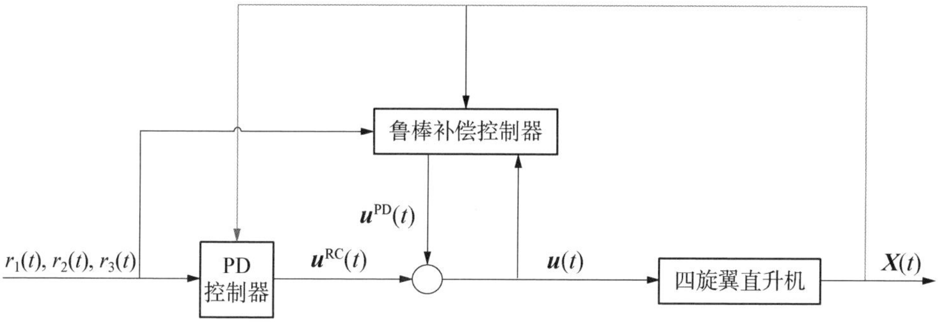

图 3.2　鲁棒姿态控制系统示意图

注释 3.5：如果使用一阶鲁棒滤波器 $F_i(s)=\dfrac{g_i}{s+g_i}(i=1, 2, 3)$，那么鲁棒补偿控制输入 $u_i^{\mathrm{RC}}(t)(i=1, 2, 3)$ 将依赖于三个包含噪声的角速度信号。因此，本节使用二阶鲁棒滤波器。

注释 3.6：基于如上鲁棒控制方法设计的控制器是线性时不变的，这在工程应用中易于实现。

3.4 鲁棒控制特性分析

由式(3.4)、式(3.11)和式(3.17)所构成的闭环控制系统具有如下性质。

定理 3.1:如果假设 3.1～假设 3.4 成立,那么 3.2 节所描述的鲁棒 PD 控制问题可以通过选择充分大且满足 $g_{i1} \gg g_{i2} > 0$ 的鲁棒补偿控制器参数 g_{i1} 和 $g_{i2}(i=1, 2, 3)$ 来实现。

证明:由式(3.5)和式(3.6),可知存在正常数 ζ_{qi1}、ζ_{qi2} 和 $\zeta_{qi0}(i=1, 2, 3)$ 满足:

$$\|q_i\|_\infty \leqslant \zeta_{qi1}\|\boldsymbol{X}\|_\infty + \zeta_{qi2}\|\boldsymbol{X}\|_\infty^2 + \rho_i\|u_i\|_\infty + \zeta_{qi0} \tag{3.18}$$

由式(3.8)、式(3.11)和式(3.14),可知存在正常数 ζ_{ui1} 和 $\zeta_{ui0}(i=1, 2, 3)$ 满足:

$$\|u_i\|_\infty \leqslant \zeta_{ui1}\|\boldsymbol{X}\|_\infty + \|q_i\|_\infty + \zeta_{ui0} \tag{3.19}$$

由式(3.18)和式(3.19),可知存在正常数 ζ_{i1}、ζ_{i2} 和 $\zeta_{i0}(i=1, 2, 3)$ 满足:

$$\|q_i\|_\infty \leqslant \frac{\zeta_{i1}\|\boldsymbol{X}\|_\infty + s_{i2}\|\boldsymbol{X}\|_\infty^2 + \zeta_{i0}}{1-\rho_i} \tag{3.20}$$

基于式(3.20)可得:

$$\|u_i\|_\infty \leqslant \zeta_{ui1}\|\boldsymbol{X}\|_\infty + \|q_i\|_\infty + \zeta_{ui0}, \quad i=1, 2, 3 \tag{3.21}$$

式中,

$$\zeta_j = \max_i\left\{\frac{\zeta_{ij}}{1-\rho_i}\right\}, \quad i-1, 2, 3; j=0, 1, 2 \tag{3.22}$$

由式(3.12)和式(3.14),可得:

$$\max_k |x_k(t)| \leqslant \max_k |\boldsymbol{e}_k^{\mathrm{T}}\boldsymbol{e}^{\boldsymbol{A}_{\mathrm{H}}t}\boldsymbol{X}(0)| + \|(s\boldsymbol{I}_{6\times6} - \boldsymbol{A}_{\mathrm{H}})^{-1}\boldsymbol{B}(\boldsymbol{I}_{3\times3} - \boldsymbol{F})\boldsymbol{q}\|_\infty \tag{3.23}$$

和

$$\|\boldsymbol{X}\|_\infty \leqslant \zeta_{X(0)} + \gamma\|\boldsymbol{q}\|_\infty \tag{3.24}$$

式中,$\boldsymbol{e}_k$ 为第 k 行元素为 1,其余元素为 0 的 6×1 矢量;$\boldsymbol{I}_{n\times n}$ 为 $n\times n$ 的单位矩阵。

$$\zeta_{X(0)} = \max_{k}\sup_{t\geqslant 0}\left| \boldsymbol{e}_k^{\mathrm{T}} \boldsymbol{e}^{\boldsymbol{A}_{\mathrm{H}} t} \boldsymbol{X}(0) \right|$$
$$\gamma = \| (s\boldsymbol{I}_{6\times 6} - \boldsymbol{A}_{\mathrm{H}})^{-1} \boldsymbol{B} [\boldsymbol{I}_{3\times 3} - \boldsymbol{F}(s)] \|_1 \tag{3.25}$$

如文献[75]所述,如果鲁棒补偿控制器参数 g_{i1} 和 $g_{i2}(i=1, 2, 3)$ 充分大且满足 $g_{i1} \gg g_{i2} > 0$,那么 γ 充分小。如果 γ 充分小且满足:

$$(\zeta_1 + \zeta_2 \|\boldsymbol{X}\|_{\infty})(\sqrt{\gamma} + \gamma) \leqslant 1 \tag{3.26}$$

那么,把式(3.24)代入式(3.21),可得到如下不等式:

$$\|\boldsymbol{q}\|_{\infty} \leqslant \frac{\zeta_{X(0)} + \sqrt{\gamma}\zeta_0 + \gamma_{\zeta_0}}{\sqrt{\gamma}} \tag{3.27}$$

由式(3.26)可得到 $\boldsymbol{X}(t)$ 吸引域如下:

$$\left\{ \boldsymbol{X} : \|\boldsymbol{X}\|_{\infty} \leqslant \frac{\zeta_2^{-1}}{\sqrt{\gamma} + \gamma} - \zeta_2^{-1}\zeta_1 \right\} \tag{3.28}$$

因此,如果 $\boldsymbol{X}(t)$ 从该吸引域内出发,则可得到 $\boldsymbol{X}(t)$ 仍会留在该吸引域内,且如下不等式成立:

$$(1 + \sqrt{\gamma})\zeta_{X(0)} + \sqrt{\gamma}(1 + \sqrt{\gamma})\zeta_0 \leqslant \frac{\zeta_2^{-1}}{\sqrt{\gamma} + \gamma} - \zeta_2^{-1}\zeta_1 \tag{3.29}$$

对于给定的初始状态 $\boldsymbol{X}(0)$,选择充分大的鲁棒补偿控制器参数 g_{i1} 和 $g_{i2}(i=1, 2, 3)$,式(3.29)成立。在这种情况下,如果初始状态满足:

$$\|\boldsymbol{X}(0)\|_{\infty} < \frac{s_2^{-1}}{\sqrt{\gamma} + \gamma} - \zeta_2^{-1}\zeta_1 \tag{3.30}$$

那么式(3.26)成立。

由式(3.23)和式(3.27),可得:

$$\max_k |x_k(t)| \leqslant \max_k \left| \boldsymbol{e}_k^{\mathrm{T}} \boldsymbol{e}^{\boldsymbol{A}_{\mathrm{H}} t} \boldsymbol{X}(0) \right| + \sqrt{\gamma}\zeta \tag{3.31}$$

式中,$\zeta = 2\zeta_{X(0)}$。因此,对于给定的正常数 ε 和初始状态 $\boldsymbol{X}(0)$,存在正常数 T^* 且满足 $g_{i1} \gg g_{i2} > 0$,式(3.29)和式(3.30)中选定充分大的鲁棒补偿控制器参数 g_{i1} 和 $g_{i2}(i= 1, 2, 3)$,将保证不等式 $\max_k |x_k(t)| \leqslant \varepsilon, \forall t \geqslant T^*$ 成立。

3.5 姿态控制实验结果

在本节中,四旋翼无人机要求执行两个任务来验证闭环控制系统的跟踪性能。

1) **实验 3.1**:悬停实验

在本实验中,首先只用标称 PD 控制器来实现四旋翼无人机的悬停。标称控制器参数设定为 $k_1^{\mathrm{p}}=7.5$, $k_1^{\mathrm{d}}=2.5$, $k_2^{\mathrm{p}}=7.5$, $k_2^{\mathrm{d}}=2.5$, $k_3^{\mathrm{p}}=4$, $k_3^{\mathrm{d}}=2$,来保证 $\boldsymbol{A}_{\mathrm{H}}$ 是赫尔维茨矩阵,姿态角响应曲线如图 3.3 所示。然后,引入鲁棒补偿控制器来抑制不确定性的影响。选取补偿器参数 g_{i1} 和 $g_{i2}(i=1, 2, 3)$ 初始值: $g_{i1}=5$, $g_{i2}=1$,姿态角响应曲线如图 3.4 所示。从图中可以看到闭环控制系统的稳态性能得到了改进。

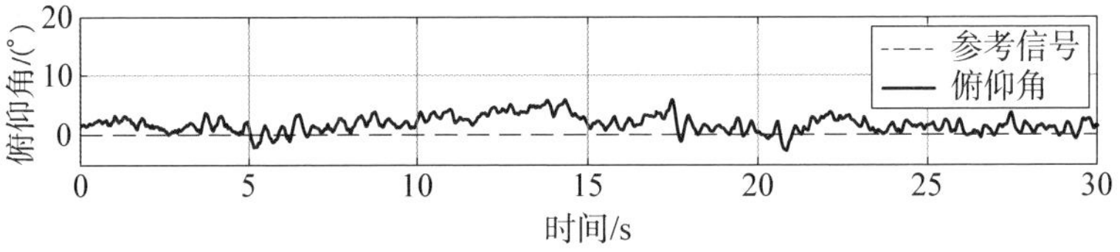

(a) 俯仰角响应

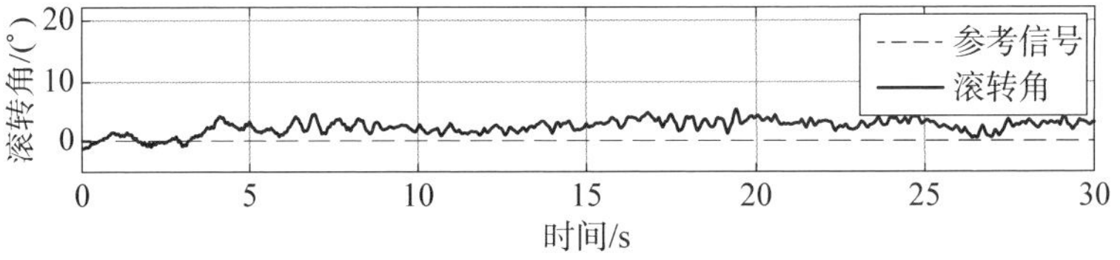

(b) 滚转角响应

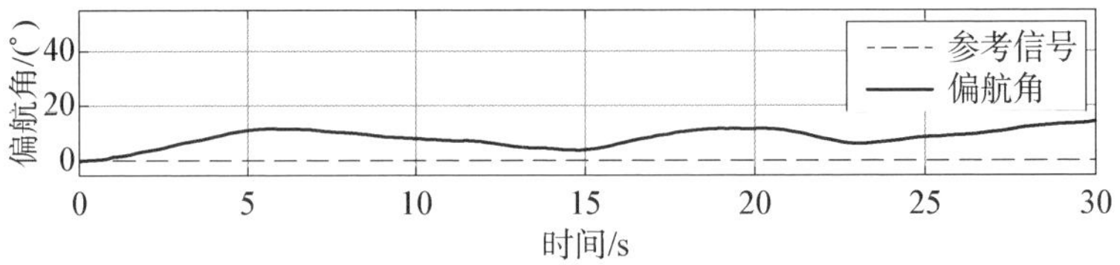

(c) 偏航角响应

图 3.3 使用 PD 控制时闭环系统姿态角响应曲线

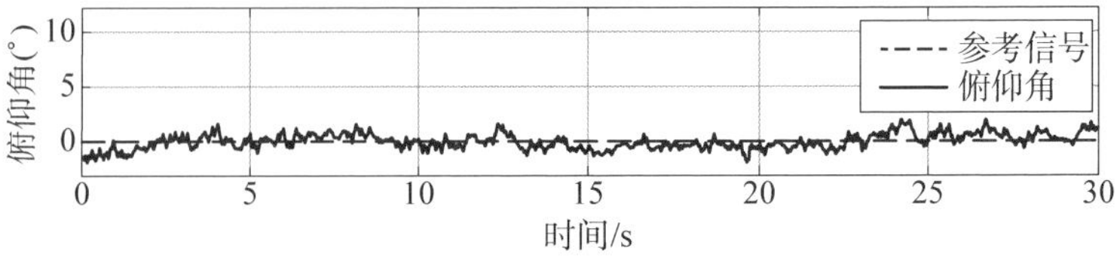

(a) 俯仰角响应

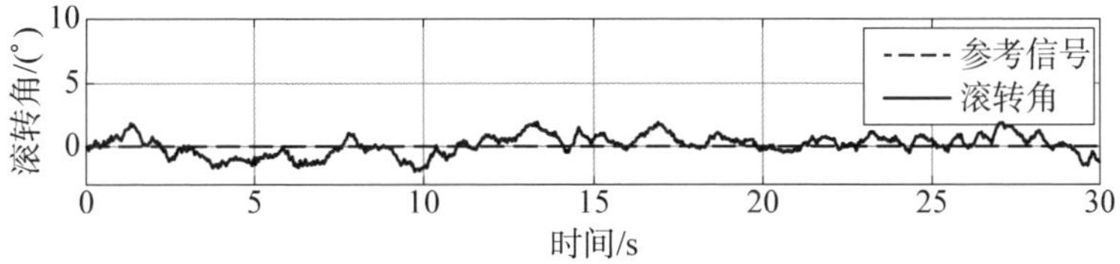

(b) 滚转角响应

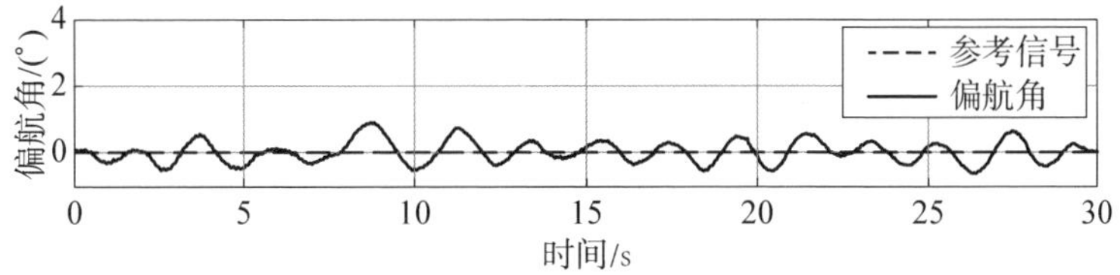

(c) 偏航角响应

图 3.4　使用鲁棒控制时闭环系统姿态角响应曲线

2) **实验 3.2**:轨迹跟踪实验

在本实验中,把 g_{i1} 和 $g_{i2}(i=1, 2, 3)$ 的值设为更大的正值以更好地抑制大机动飞行时不确定性的影响。要求滚转角保持在 0°,要求俯仰角和偏航角分别跟踪参考信号:

$$
\begin{aligned}
r_1(s) &= \frac{r_1^{\text{swr}}(s)}{(s+0.6)^2} \\
r_3(s) &= \frac{r_3^{\text{swr}}(s)}{(s+0.4)^2}
\end{aligned}
\tag{3.32}
$$

式中,$r_1^{\text{swr}}(s)$ 和 $r_3^{\text{swr}}(s)$ 为方波参考信号。选取 $g_{i1}=25$ 和 $g_{i2}=5(i=1, 2, 3)$。 在耦合情况下,俯仰角和偏航角的跟踪结果如图 3.5 所示。从图中可以看出,四旋翼无人机闭环控制系统在具有多种不确定性的情况下,仍然具有较好的动态和稳态性能。

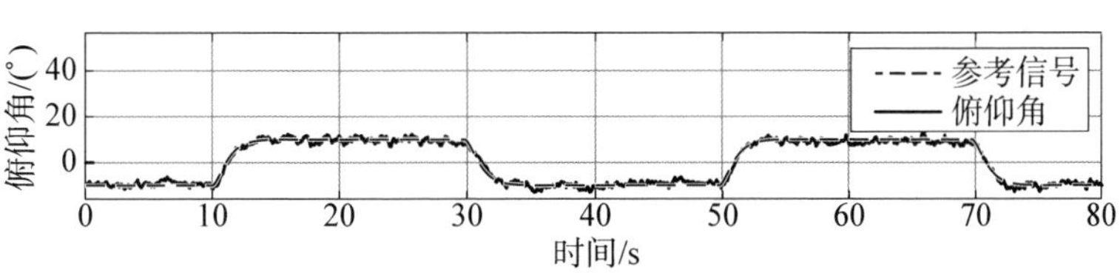

(a) 俯仰角响应(两条曲线基本重合)

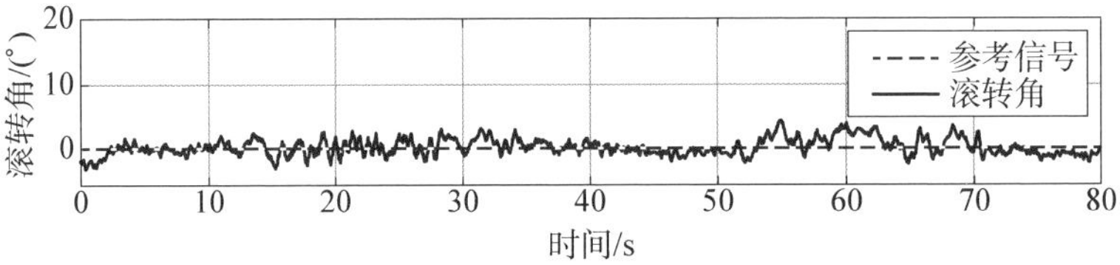

(b) 滚转角响应

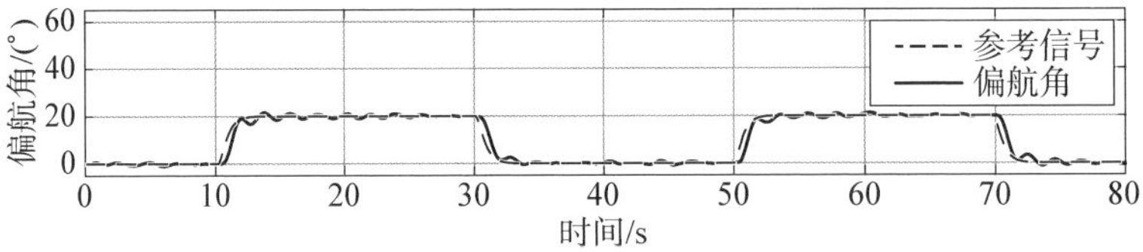

(c) 偏航角响应

图 3.5 实验 3.2 的闭环系统姿态角响应曲线

3.6 本章小结

本章基于 PD 控制方法和鲁棒补偿方法提出了一种新的鲁棒控制方法，解决了四旋翼无人机的姿态控制问题。本章通过理论证明了闭环控制系统的姿态跟踪误差可在有限时间内收敛到给定的原点邻域内，并且通过四旋翼无人机大角度飞行实验验证了所设计的控制方法的有效性。

第4章　带角速度观测器的飞行器姿态控制

4.1　引言

多旋翼无人机相比于固定翼无人机，不需要尾翼和复杂的自动倾斜器等机构来改变气动力和力矩，因此受到广泛关注。如文献[65－73]和文献[75]所示，现有的研究已经实现了四旋翼无人机的自主飞行。文献[63－65]和文献[75]采用经典的PID和PD控制方法，实现了四旋翼无人机的轨迹跟踪。文献[62－69]和文献[75]则针对精确的直升机模型，采用非线性控制方法设计飞行控制器。然而，以上的控制方法不能保证在多种不确定因素下旋翼无人机特性对闭环控制系统跟踪性能的影响，其中不确定性因素包括参数不确定性、非线性和耦合动态，以及外部大气干扰等。

文献[70]设计了基于四元数的反馈姿态控制器，实验结果表明，所设计的控制方法在存在外部干扰的情况下，仍能使四旋翼无人机保持稳定的悬停状态。文献[72]和文献[73]分别基于切换模型预测控制器和指令滤波控制器设计了四旋翼无人机的姿态和位置控制器。文献[72]和文献[73]在仿真实验部分主要讨论了线性时不变和不确定性影响下闭环控制系统的跟踪性能，但没有深入讨论其他不确定性的影响。文献[74]设计了一个滑模观测器，用来估计新的未知状态所导致的干扰。但是在估计外部时变干扰的影响时，所设计的观测器需要一个暂态过渡过程，而该暂态过渡过程会影响闭环控制系统的跟踪性能。

本章针对微小型四旋翼无人机，设计了一种不依赖于角速度反馈的鲁棒姿态控制器，在控制器设计过程中考虑的不确定性包括非线性、强耦合、参数摄动和外部干扰。本章所提出的线性时不变鲁棒控制器由线性降阶观测器、一个标称 PD 控制器和一个鲁棒补偿控制器组成,其中线性降阶观测器用来估计角速度;标称 PD 控制器基于角速度的估计值来实现对标称闭环系统期望信号的跟踪;鲁棒补偿控制器具有二阶鲁棒滤波器结构,用来抑制不确定性的影响。

相比于已有的四旋翼控制问题研究,本章所设计的控制器可抑制包括参数不确定性、非线性、耦合动态、外部时变干扰等在内的多种不确定性的影响,而且可保证姿态跟踪误差都是最终有界的,且其界可任意给定。此外,本章所提出的控制器因为不依赖于角速度的测量,其实质是一个输出控制器,并且最终设计得到的控制器是线性时不变且可实现角度间的解耦,因此很容易在实际工程应用中实现。此外,该控制器可分别确定每个通道的控制器参数。其中的标称控制器参数和观测器参数可通过悬停条件下的跟踪性能要求来整定,而鲁棒补偿控制器参数可以根据大角度目标跟踪任务在线整定。

4.2 四旋翼输出反馈姿态控制问题描述

四旋翼无人机有四个旋翼和三个姿态角:滚转角 ϕ、俯仰角 θ、偏航角 ψ。前面和后面的旋翼逆时针旋转,左侧和右侧的旋翼顺时针旋转。由前、后、左、右四个旋翼产生的升力可以用 $f_i(i=1, 2, 3, 4)$ 表示,其形式如下:

$$f_i = k_\omega \omega_i^2, \quad i=1, 2, 3, 4$$

式中,k_ω 为正常数;$\omega_i(i=1, 2, 3, 4)$ 分别为四个旋翼的旋转角速度。

通过改变四个旋翼的旋转速度,从而改变升力和扭矩。滚转轴、俯仰轴和偏航轴的扭矩分别用 τ_ϕ、τ_θ 和 τ_ψ 表示。如果进行俯仰运动,则可增加前旋翼的旋转速度并且减少后旋翼的速度。滚转运动可以通过类似方式,即改变左侧和右侧旋翼的旋转速度来实现。左右旋翼和前后旋翼所产生的扭矩差会产生偏航运动。

在文献[76]中,三个姿态角的非线性动力学可由如下方程描述:

$$\begin{aligned}
\ddot{\phi} &= \boldsymbol{c}_\phi(\boldsymbol{\eta}, \dot{\boldsymbol{\eta}})\dot{\boldsymbol{\eta}} + a_{\phi 1}\tau_\phi + w_\phi \\
\ddot{\theta} &= \boldsymbol{c}_\theta(\boldsymbol{\eta}, \dot{\boldsymbol{\eta}})\dot{\boldsymbol{\eta}} + a_{\theta 1}\tau_\theta + w_\theta \\
\ddot{\psi} &= \boldsymbol{c}_\psi(\boldsymbol{\eta}, \dot{\boldsymbol{\eta}})\dot{\boldsymbol{\eta}} + a_{\psi 1}\tau_\psi + w_\psi
\end{aligned} \tag{4.1}$$

式中,$a_{i1}(i=\phi, \theta, \psi)$ 为正的四旋翼无人机参数;$\boldsymbol{\eta}=[\phi \quad \theta \quad \psi]^{\mathrm{T}}$;$\boldsymbol{c}_i(\boldsymbol{\eta}, \dot{\boldsymbol{\eta}})(i=\phi, \theta, \psi)$ 为科氏项;$w_i(i=\phi, \theta, \psi)$ 为外部干扰。扭矩 $\tau_i(i=\phi, \theta, \psi)$

可通过下式获得：

$$\tau_\phi = l_{\mathrm{mc}}(f_2 - f_4)$$
$$\tau_\theta = l_{\mathrm{mc}}(f_1 - f_3)$$
$$\tau_\psi = k_f(f_1 - f_2 + f_3 - f_4)$$

式中，l_{mc} 为每个电机到质心的距离；k_f 为力到力矩的系数，是正常数。

四旋翼无人机的输出为三个姿态角。定义控制输入 $u_i(i=\phi,\theta,\psi)$ 形式如下：

$$u_\phi = \omega_2^2 - \omega_4^2$$
$$u_\theta = \omega_1^2 - \omega_3^2$$
$$u_\psi = \omega_1^2 - \omega_2^2 + \omega_3^2 - \omega_4^2$$

令 $u_g = \omega_1^2 + \omega_2^2 + \omega_3^2 + \omega_4^2$ 为正数，以补偿四旋翼无人机的重力。用一个控制输入分配系统来实现 $u_i(i=\phi,\theta,\psi,g)$ 的分配。令 $a_\phi = a_{\phi 1} l_{\mathrm{mc}} k_\omega$，$a_\theta = a_{\theta 1} l_{\mathrm{mc}} k_\omega$ 和 $a_\psi = a_{\psi 1} k_f k_\omega$。

于是，旋翼模型[式(4.1)]可改写为

$$\begin{aligned} \ddot{\phi} &= a_\phi^{\mathrm{N}} u_\phi + q_\phi + \ddot{r}_\phi \\ \ddot{\theta} &= a_\theta^{\mathrm{N}} u_\theta + q_\theta + \ddot{r}_\theta \\ \ddot{\psi} &= a_\psi^{\mathrm{N}} u_\psi + q_\psi + \ddot{r}_\psi \end{aligned} \tag{4.2}$$

式中，$a_i^{\mathrm{N}}(i=\phi,\theta,\psi)$ 为 $a_i(i=\phi,\theta,\psi)$ 的标称部分；$q_i(i=\phi,\theta,\psi)$ 为等价干扰且满足如下关系式：

$$q_i = \boldsymbol{c}_i(\boldsymbol{\eta},\dot{\boldsymbol{\eta}})\dot{\boldsymbol{\eta}} + (a_i - a_i^{\mathrm{N}})u_i - \ddot{r}_i + w_i \tag{4.3}$$

令 $r_i(t)(i=\phi,\theta,\psi)$ 表示俯仰角、滚转角、偏航角的期望参考信号。定义 $\boldsymbol{e}_i = [e_{i1} \quad e_{i2}]^{\mathrm{T}}(i=\phi,\theta,\psi)$，其中 $e_{i1} = i - r_i$，$e_{i2} = \dot{e}_{i1}$。于是三个姿态角的误差模型可表示如下：

$$\dot{\boldsymbol{e}}_i = \boldsymbol{A}_i \boldsymbol{e}_i + \boldsymbol{B}_i(a_i^{\mathrm{N}} u_i + q_i), \quad i=\phi,\theta,\psi \tag{4.4}$$

式中，

$$\boldsymbol{A}_i = \begin{bmatrix} 0 & 1 \\ 0 & 0 \end{bmatrix}, \boldsymbol{B}_i = \begin{bmatrix} 0 \\ 1 \end{bmatrix}$$

假设 4.1:不确定参数 $a_i(i=\theta, \phi, \psi)$ 是有界的,标称参数 $a_i^{\mathrm{N}}(i=\phi, \theta, \psi)$ 是正数,且满足 $|a_i - a_i^{\mathrm{N}}| < a_i^{\mathrm{N}}(i=\theta, \phi, \psi)$。

定义 $\rho_i = \dfrac{|a_i - a_i^{\mathrm{N}}|}{a_i^{\mathrm{N}}}(i=\phi, \theta, \psi)$,可得到 $\rho_i(i=\phi, \theta, \psi)$ 满足 $\rho_i < 1(i=\theta, \phi, \psi)$。

假设 4.2:参考信号和其微分式 $r_i^{(k)}(i=\phi, \theta, \psi; k=0, 1, 2)$ 以及外部干扰 $w_i(i=\phi, \theta, \psi)$ 是有界的。

4.3 鲁棒姿态控制器设计

在本节中,由于角速度不能直接测量得到,因此首先在忽略不确定性 $q_i(i=\phi, \theta, \psi)$ 的基础上,采用一个降阶滤波器来估计 $e_{i2}(i=\phi, \theta, \psi)$。其次,基于角速度的估计值,针对闭环标称控制系统设计一个标称 PD 控制器,实现标称系统的期望跟踪性能。最后,引入鲁棒补偿控制器来抑制多种不确定性的影响。

控制输入 $u_i(i=\phi, \theta, \psi)$ 由两部分组成:标称 PD 控制输入 $u_i^{\mathrm{N}}(i=\phi, \theta, \psi)$ 和信号补偿输入 $u_i^{\mathrm{RC}}(i=\phi, \theta, \psi)$,并满足如下形式:

$$u_i = u_i^{\mathrm{N}} + u_i^{\mathrm{RC}} \tag{4.5}$$

本章所设计的控制器包括三个姿态角的鲁棒姿态控制器,并具有如下的特性:对于一个给定的正常数 ε 和一个给定的初始误差 $\boldsymbol{e}_i(0)(i=\phi, \theta, \psi)$,存在一个有限的正常数 T^*,使得 $\boldsymbol{e}_i(i=\phi, \theta, \psi)$ 是有界的,且满足 $|\boldsymbol{e}_i(t)| \leqslant \varepsilon, \forall t \geqslant T^*$。

首先,设计一个降阶观测器和标称 PD 控制器,忽略等价干扰 $q_i(i=\phi, \theta, \psi)$。考虑如下三通道标称系统:

$$\dot{\boldsymbol{e}}_i = \boldsymbol{A}_i \boldsymbol{e}_i + \boldsymbol{B}_i a_i^{\mathrm{N}} u_i^{\mathrm{N}}, \quad i=\phi, \theta, \psi \tag{4.6}$$

由于 $e_{i2}(i=\phi, \theta, \psi)$ 不能通过直接测量获得,所以引入降阶观测器。用 $\hat{e}_{i2}(i=\phi, \theta, \psi)$ 表示 $e_{i2}(i=\phi, \theta, \psi)$ 的观测值,$z_{ei}(i=\phi, \theta, \psi)$ 表示观测器状态。从式(4.6)可得到:

$$\begin{aligned} \dot{z}_{ei} &= -l_i z_{ei} + a_i^{\mathrm{N}} u_i^{\mathrm{N}} - l_i^2 e_{i1} \\ \hat{e}_{i2} &= z_{ei} + l_i e_{i1}, \quad i=\phi, \theta, \psi \end{aligned} \tag{4.7}$$

式中,$l_i(i=\phi, \theta, \psi)$ 为待定的正常数。所设计的标称 PD 状态反馈控制律为

$$u_i^{\mathrm{N}} = \frac{-(k_{i1}e_{i1} + k_{i2}\hat{e}_{i2})}{a_i^{\mathrm{N}}}, \quad i = \phi, \theta, \psi \tag{4.8}$$

式中，k_{i1} 和 k_{i2} 为待定的正常数。定义估计误差 $\tilde{e}_{i2}(i=\phi, \theta, \psi)$ 为

$$\tilde{e}_{i2} = e_{i2} - \hat{e}_{i2} \tag{4.9}$$

且满足

$$\dot{e}_{i2} = -k_{i1}e_{i1} - k_{i2}e_{i2} + k_{i2}\tilde{e}_{i2} + a_i^{\mathrm{N}}u_i^{\mathrm{RC}} + q_i \tag{4.10}$$

由式(4.7)和式(4.8)可得：

$$\dot{\hat{e}}_{i2} = l_i e_{i2} - k_{i1}e_{i1} - (l_i + k_{i2})\hat{e}_{i2}, \quad i = \phi, \theta, \psi \tag{4.11}$$

结合式(4.10)和式(4.11)可得到：

$$\dot{\tilde{e}}_{i2} = -l_i\tilde{e}_{i2} + a_i^{\mathrm{N}}u_i^{\mathrm{RC}} + q_i, \quad i = \phi, \theta, \psi \tag{4.12}$$

定义 $\tilde{\boldsymbol{e}}_i = [e_{i1} \quad e_{i2} \quad \tilde{e}_{i2}]^{\mathrm{T}}(i=\phi, \theta, \psi)$。通过式(4.10)和式(4.12)，可得：

$$\dot{\tilde{\boldsymbol{e}}}_i = \tilde{\boldsymbol{A}}_{i\mathrm{H}}\tilde{\boldsymbol{e}}_i + \tilde{\boldsymbol{B}}_{i\mathrm{H}}(a_i^{\mathrm{N}}u_i^{\mathrm{RC}} + q_i), \quad i = \phi, \theta, \psi \tag{4.13}$$

式中，

$$\tilde{\boldsymbol{A}}_{i\mathrm{H}} = \begin{bmatrix} 0 & 1 & 0 \\ -k_{i1} & -k_{i2} & k_{i2} \\ 0 & 0 & -l_i \end{bmatrix}, \quad \tilde{\boldsymbol{B}}_{i\mathrm{H}} = \begin{bmatrix} 0 \\ 1 \\ 1 \end{bmatrix}$$

注释 4.1:基于忽略等价干扰 $q_i(i=\phi, \theta, \psi)$，设计了鲁棒补偿输入 $u_i^{\mathrm{RC}}(i=\phi, \theta, \psi)$。式(4.13)所描述的系统模型是三姿态通道的闭环控制系统，该系统的标称闭环系统是解耦的，且其控制参数可被分别设计。对于每个通道需选取正参数 k_{i1}、k_{i2} 和 $l_i(i=\phi, \theta, \psi)$ 使 $\tilde{\boldsymbol{A}}_{iH}(i=\phi, \theta, \psi)$ 为赫尔维茨矩阵。

鲁棒补偿输入 $u_i^{\mathrm{RC}}(i=\phi, \theta, \psi)$ 用来抑制 $q_i(i=\phi, \theta, \psi)$ 的影响。基于二阶鲁棒滤波器(见文献[18]和文献[21])，设计的鲁棒补偿控制器如下：

$$F_i(s) = \frac{g_i^2}{(s+g_i)^2}, \quad i = \phi, \theta, \psi \tag{4.14}$$

式中，s 为拉普拉斯算子；$g_i(i=\phi, \theta, \psi)$ 为待定的鲁棒滤波器参数。鲁棒滤波器有如下性能：如果 $g_i(i=\phi, \theta, \psi)$ 充分大，则 $F_i(s)(i=\phi, \theta, \psi)$ 会有充分大

的频率带宽，且 $|F_i(s)| \approx 1$。因此设计的鲁棒补偿输入为

$$u_i^{\mathrm{RC}}(s) = \frac{-F_i(s)q_i(s)}{a_i^{\mathrm{N}}}, \quad i = \phi, \theta, \psi \tag{4.15}$$

由于等价干扰 $q_i(i = \phi, \theta, \psi)$ 不能直接被测量，因此，由式(4.4)可得到：

$$q_i = \ddot{e}_{i1} - a_i^{\mathrm{N}} u_i, \quad i = \phi, \theta, \psi \tag{4.16}$$

将式(4.16)代入式(4.15)中，可得到下式：

$$\begin{aligned} \dot{z}_{i1} &= -g_i z_{i1} - g_i^2 e_{i1} + a_i^{\mathrm{N}} u_i \\ \dot{z}_{i2} &= -g_i z_{i2} + z_{i1} + 2g_i e_{i1} \\ u_i^{\mathrm{RC}} &= \frac{g_i^2(z_{i2} - e_{i1})}{a_i^{\mathrm{N}}} \end{aligned}, \quad i = \phi, \theta, \psi \tag{4.17}$$

注释 4.2：本章所设计的鲁棒补偿控制器是二阶滤波器。如果 $F_i(s) = \frac{g_i}{s + g_i}(i = \phi, \theta, \psi)$ 被一阶滤波器替代，则 $u_i^{\mathrm{RC}}(i = \phi, \theta, \psi)$ 将受到角速度测量噪声的影响。

鲁棒闭环控制系统的结构如图 4.1 所示。

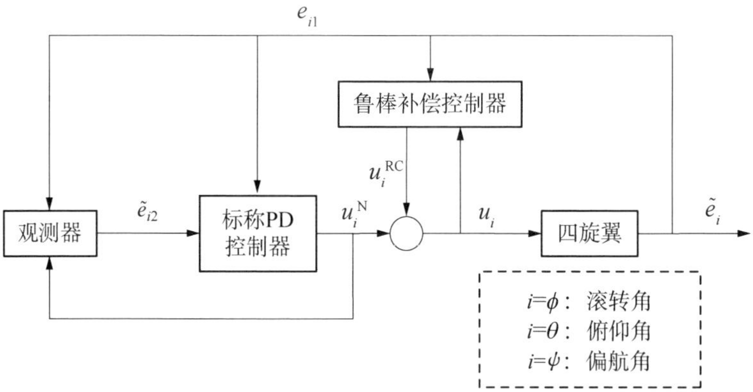

图 4.1 鲁棒闭环控制系统结构

注释 4.3：从图 4.1 可以看出，本章所提出的鲁棒控制器是解耦的。全部姿态闭环控制系统可分为三个子系统：滚转子系统、俯仰子系统和偏航子系统。子系统的鲁棒控制器单独设计。此外，对于每个子系统，利用解耦的控制方法得到的线性时不变控制器很容易在工程应用中实现。

4.4　姿态控制鲁棒特性分析

本节主要对由四旋翼姿态模型[式(4.1)]、观测器[式(4.7)]、标称 PD 控制器[式(4.8)]和鲁棒补偿控制器[式(4.17)]所组成的闭环控制系统进行鲁棒性分析。

做如下定义：

$$\delta_i = \| (s\boldsymbol{I}_{3\times 3} - \widetilde{\boldsymbol{A}}_{i\mathrm{H}})^{-1} \widetilde{\boldsymbol{B}}_{i\mathrm{H}} [1 - F_i(s)] \|_1 \tag{4.18}$$

式中，$\boldsymbol{I}_{n\times n}$ 为 $n\times n$ 单位矩阵。由式(4.13)和式(4.15)，可得：

$$\| \widetilde{\boldsymbol{e}}_i \|_\infty \leqslant \lambda_{\widetilde{e}i(0)} + \delta_i \| q_i \|_\infty, \quad i = \phi, \theta, \psi \tag{4.19}$$

式中，$\lambda_{\widetilde{e}i(0)} = \max_j \sup_{t\geqslant 0} | \boldsymbol{c}_j^{\mathrm{T}} \boldsymbol{e}^{\widetilde{\boldsymbol{A}}_{i\mathrm{H}} t} \widetilde{\boldsymbol{e}}_i(0) |$；$\boldsymbol{c}_j$ 为第 j 个元素是 1、其余元素是 0 的 3×1 矢量。令 $\widetilde{\boldsymbol{e}} = [\widetilde{\boldsymbol{e}}_\phi^{\mathrm{T}} \quad \widetilde{\boldsymbol{e}}_\theta^{\mathrm{T}} \quad \widetilde{\boldsymbol{e}}_\psi^{\mathrm{T}}]^{\mathrm{T}}$。

引理 4.1：如果 $g_i (i = \phi, \theta, \psi)$ 充分大，则存在正常数 $\alpha_i (i = \phi, \theta, \psi)$，使得：

$$\delta_i \leqslant \frac{\alpha_i}{g_i}, \quad i = \phi, \theta, \psi \tag{4.20}$$

证明：定义 $d_{i\mathrm{H}}(s) (i = \phi, \theta, \psi)$ 为

$$d_{i\mathrm{H}}(s) = \det(s\boldsymbol{I}_{3\times 3} - \widetilde{\boldsymbol{A}}_{i\mathrm{H}}) = (s + l_i)(s + s_{i1})(s + s_{i2}) \tag{4.21}$$

式中，s_{i1} 和 s_{i2} 为常量。定义 $\psi_i(s) = [\psi_{i,jk}(s)]_{3\times 3} (i = \phi, \theta, \psi)$ 为

$$\psi_i(s) = (s + l_i)(s\boldsymbol{I}_{3\times 3} - \widetilde{\boldsymbol{A}}_{i\mathrm{H}})^{-1} - \boldsymbol{I}_{3\times 3}$$

可得矩阵 $\psi_i(s) (i = \phi, \theta, \psi)$ 的每一个元素均具有如下形式：

$$\psi_{i,jk}(s) = \frac{\psi_{i2,jk}}{s + s_{i2}} + \frac{\psi_{i3,jk}}{s + s_{i3}}, \quad i = \phi, \theta, \psi \tag{4.22}$$

式中，$\psi_{i2,jk}$ 和 $\psi_{i3,jk} (i = \phi, \theta, \psi)$ 为常数。存在正数 $\alpha_{i1} (i = \phi, \theta, \psi)$ 满足：

$$\| \psi_i(s) \|_1 + \| \boldsymbol{I}_{3\times 3} \|_1 \leqslant \max_j \sum_{k=1}^{3} \left(\left| \frac{\psi_{i,jk}^{i2}}{s_{i2}} \right| + \left| \frac{\psi_{i,jk}^{i3}}{s_{i3}} \right| \right) + 1 \leqslant \alpha_{i1} \tag{4.23}$$

可得：

$$\left\| \frac{1 - F_i(s)}{s + l_i} \right\|_1 = \left\| \frac{\eta_{g2i} g_i}{(s + g_i)^2} \right\|_1 + \left\| \frac{\eta_{gi}}{s + g_i} \right\|_1 + \frac{1}{g_i} \left\| \frac{\eta_{li} l_i}{s + l_i} \right\|_1 \tag{4.24}$$

式中，

$$\eta_{g2i} = \frac{g_i}{g_i - l_i}$$

$$\eta_{gi} = \frac{g_i^2}{(g_i - l_i)^2}$$

$$\eta_{li} = \frac{2g_i - l_i}{(g_i - l_i)^2}$$

如果 $g_i(i=\phi,\theta,\psi)$ 充分大以使得 $\eta_{g2i} \leqslant 2$，$\eta_{gi} \leqslant 2$ 和 $\eta_{li} \leqslant 1(i=\phi,\theta,\psi)$，则有

$$\left\| \frac{1-F_i(s)}{s+l_i} \right\|_1 \leqslant \frac{|\eta_{g2i}|+|\eta_{gi}|+|\eta_{li}|}{g_i} \leqslant \frac{5}{g_i}, \quad i=\phi,\theta,\psi \tag{4.25}$$

令 $\alpha_i = 5\alpha_{i1}(i=\phi,\theta,\psi)$。由于 $\|\widetilde{\boldsymbol{B}}_{i\mathrm{H}}\|_1 = 1(i=\phi,\theta,\psi)$，因此由式(4.18)可得到 $\delta_i \leqslant \frac{\alpha_i}{g_i}(i=\phi,\theta,\psi)$。因此，引理 4.1 得证。

定理 4.1: 如果假设 4.1 和假设 4.2 成立，那么对于一个给定的正数 ε 和一个给定的初始有界误差 $\tilde{\boldsymbol{e}}_i(0)(i=\phi,\theta,\psi)$，存在一个正常数 T^* 和充分大的正数 $g_i(i=\phi,\theta,\psi)$，使得所有状态都是有界的且 $|\tilde{\boldsymbol{e}}_i(t)| \leqslant \varepsilon$，$\forall t \geqslant T^*(i=\phi,\theta,\psi)$。

证明: 定义 $\tilde{\boldsymbol{e}} = [\tilde{\boldsymbol{e}}_\phi^{\mathrm{T}} \quad \tilde{\boldsymbol{e}}_\theta^{\mathrm{T}} \quad \tilde{\boldsymbol{e}}_\psi^{\mathrm{T}}]^{\mathrm{T}}$。从式(4.3)可知，存在正数 λ_{qe1i}、λ_{qe2i} 和 $\lambda_{qci}(i=\phi,\theta,\psi)$ 使得：

$$\|q_i\|_\infty \leqslant \lambda_{qe1i}\|\tilde{\boldsymbol{e}}\|_\infty + \lambda_{qe2i}\|\tilde{\boldsymbol{e}}\|_\infty^2 + \rho_i a_i^{\mathrm{N}}\|u_i\|_\infty + \lambda_{qci} \tag{4.26}$$

由式(4.5)、式(4.8)、式(4.15)，可得正数 λ_{uei} 和 $\lambda_{uci}(i=\phi,\theta,\psi)$ 使得：

$$\|u_i\|_\infty \leqslant \frac{\lambda_{uei}\|\tilde{\boldsymbol{e}}\|_\infty + \|q_i\|_\infty}{a_i^{\mathrm{N}}} + \lambda_{uci} \tag{4.27}$$

由于 $0 \leqslant \rho_i < 1(i=\phi,\theta,\psi)$，因此将式(4.27)代入式(4.26)，可得：

$$\|q_i\|_\infty \leqslant \lambda_{e1i}\|\tilde{\boldsymbol{e}}\|_\infty + \lambda_{e2i}\|\tilde{\boldsymbol{e}}\|_\infty^2 + \lambda_{ci}, \quad i=\phi,\theta,\psi \tag{4.28}$$

式中，

$$\lambda_{e1i}=\frac{\lambda_{qe1i}+\rho_i a_i^{\mathrm{N}}\lambda_{uei}}{1-\rho_i}$$

$$\lambda_{e2i}=\frac{\lambda_{qe2i}}{1-\rho_i}$$

$$\lambda_{ci}=\frac{\rho_i a_i^{\mathrm{N}}\lambda_{uci}+\lambda_{qci}}{1-\rho_i}$$

此时可得：

$$\|\boldsymbol{q}\|_\infty \leqslant \lambda_{e1}\|\tilde{\boldsymbol{e}}\|_\infty+\lambda_{e2}\|\tilde{\boldsymbol{e}}\|_\infty^2+\lambda_c \tag{4.29}$$

式中，$\boldsymbol{q}=[q_\phi \quad q_\theta \quad q_\psi]^{\mathrm{T}}$；$\lambda_{e1}=\max\limits_i \lambda_{e1i}$；$\lambda_{e2}=\max\limits_i \lambda_{e2i}$；$\lambda_c=\max\limits_i \lambda_{ci}$。定义 $\lambda_{\tilde{e}(0)}=\max\limits_i \lambda_{\tilde{e}i(0)}$ 和 $\delta=\max\limits_i \delta_i$。由式(4.19)可得：

$$\|\tilde{\boldsymbol{e}}\|_\infty \leqslant \lambda_{\tilde{e}(0)}+\delta\|\boldsymbol{q}\|_\infty \tag{4.30}$$

由式(4.20)可推导得到：

$$\delta \leqslant \frac{\alpha}{g_{\min}} \tag{4.31}$$

式中，$\alpha=\max\limits_i \alpha_i$；$g_{\min}=\min\limits_i g_i$。结合式(4.29)、式(4.30)和式(4.31)可得：

$$\|\boldsymbol{q}\|_\infty \leqslant \frac{\lambda_{\tilde{e}(0)}+\sqrt{\delta}\lambda_c+\delta\lambda_c}{\sqrt{\delta}} \tag{4.32}$$

如果 $g_{\min}$ 充分大且满足：

$$g_{\min} \geqslant 2\alpha(\lambda_{e1}+\lambda_{e2}\|\tilde{\boldsymbol{e}}\|_\infty) \tag{4.33}$$

那么可得：

$$\|\tilde{\boldsymbol{e}}\|_\infty \leqslant \lambda_{\tilde{e}(0)}+\frac{\lambda_{\delta g}}{\sqrt{g_{\min}}} \tag{4.34}$$

式中，$\lambda_{\delta g}$ 为满足 $\lambda_{\delta g} \geqslant \alpha[\lambda_{\tilde{e}(0)}+\sqrt{\delta}\lambda_c+\delta\lambda_c]$ 的正常数。

实际上，由式(4.33)可得到 $\tilde{\boldsymbol{e}}$ 的吸引域为

$$\left\{\tilde{\boldsymbol{e}}: \|\tilde{\boldsymbol{e}}\|_\infty \leqslant \frac{g_{\min}}{2\alpha\lambda_{e2}}-\frac{\lambda_{e1}}{\lambda_{e2}}\right\} \tag{4.35}$$

如果 $\tilde{\boldsymbol{e}}$ 的初始值在吸引域内且满足：

$$\lambda_{\tilde{e}(0)}+\frac{\lambda_{\delta g}}{\sqrt{g_{\min}}} \leqslant \frac{g_{\min}}{2\alpha\lambda_{e2}}-\frac{\lambda_{e1}}{\lambda_{e2}} \tag{4.36}$$

那么 $\tilde{\boldsymbol{e}}$ 会一直保持在这个吸引域内。$g_{\min}$ 充分大时上述条件仍满足。此时，若

$$\|\tilde{\boldsymbol{e}}(0)\|_{\infty} < \frac{g_{\min}}{2\alpha\lambda_{e2}} - \frac{\lambda_{e1}}{\lambda_{e2}} \tag{4.37}$$

则可得到式(4.35)。

由式(4.13)可得：

$$\dot{\boldsymbol{e}} = \tilde{\boldsymbol{A}}_{\mathrm{H}}\tilde{\boldsymbol{e}} + \tilde{\boldsymbol{B}}_{\mathrm{H}}(\boldsymbol{u}^{\mathrm{RC}} + \boldsymbol{q}) \tag{4.38}$$

式中，

$$\tilde{\boldsymbol{A}}_{\mathrm{H}} = \mathrm{diag}(\tilde{\boldsymbol{A}}_{\phi\mathrm{H}}, \tilde{\boldsymbol{A}}_{\theta\mathrm{H}}, \tilde{\boldsymbol{A}}_{\psi\mathrm{H}})$$
$$\tilde{\boldsymbol{B}}_{\mathrm{H}} = \mathrm{diag}(\tilde{\boldsymbol{B}}_{\phi\mathrm{H}}, \tilde{\boldsymbol{B}}_{\theta\mathrm{H}}, \tilde{\boldsymbol{B}}_{\psi\mathrm{H}})$$
$$\boldsymbol{u}^{\mathrm{RC}} = [a_{\phi}^{\mathrm{N}}u_{\phi}^{\mathrm{RC}} \quad a_{\theta}^{\mathrm{N}}u_{\theta}^{\mathrm{RC}} \quad a_{\psi}^{\mathrm{N}}u_{\psi}^{\mathrm{RC}}]^{\mathrm{T}}$$

结合式(4.15)、式(4.32)和式(4.38)可得：

$$\max_k|\tilde{\boldsymbol{e}}_k(t)| \leqslant \max_k|\boldsymbol{c}_k^{\mathrm{T}}\tilde{\boldsymbol{e}}^{\tilde{\boldsymbol{A}}_{\mathrm{H}}t}\tilde{\boldsymbol{e}}(0)| + \frac{\lambda_{\delta g}}{\sqrt{g_{\min}}} \tag{4.39}$$

因此，对于一个给定的正数 ε 和一个给定的初始状态 $\tilde{\boldsymbol{e}}(0)$，存在一个正数 T^* 和充分大的参数 $g_{\min}$，满足 $g_{\min} > \frac{4\lambda_{\delta g}^2}{\varepsilon^2}$，使式(4.36)和式(4.37)成立。于是 $\tilde{\boldsymbol{e}}$ 是有界的且 $|\tilde{\boldsymbol{e}}(t)| \leqslant \varepsilon, \forall t \geqslant T^*$。由式(4.17)可证明 z_{i1} 和 $z_{i2}(i=\phi, \theta, \psi)$ 是有界的，从而所有状态均是有界的。因此，可知定理 4.1 成立。

4.5 实验结果和分析讨论

本章中使用的四旋翼无人机是基于 X650 的机械框架结构开发的，搭载的航空电子设备主要包括飞控计算机和传感器系统。使用 DSP 芯片 TMS320F28335 作为飞控计算机。传感器系统包括三轴线性加速度计、三个陀螺仪和一个电子罗盘。用一对 Zigbee 无线模块将姿态数据传送到地面站。姿态环的更新频率为 500 Hz，这也是数据收集和数据融合的更新速率。所述旋翼的硬件配置如图 4.2 所示。选取四旋翼无人机标称参数如下：$a_{\phi}^{\mathrm{N}} = 10$，$a_{\theta}^{\mathrm{N}} = 10$ 和 $a_{\psi}^{\mathrm{N}} = 15$。

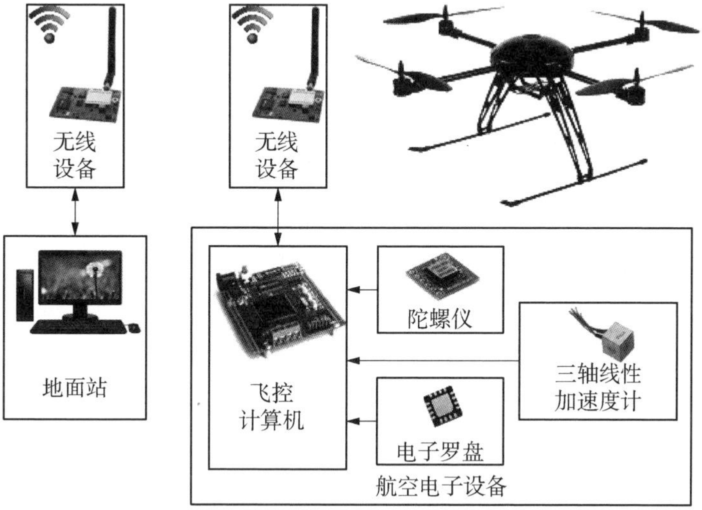

图 4.2　四旋翼无人机硬件配置

1）**实验 4.1**：在悬停条件下确定标称 PD 控制器和降阶观测器参数

理论上，对于包含不确定性的四旋翼无人机姿态控制问题，每个通道的正参数 k_{i1}、k_{i2} 和 $l_i(i=\phi, \theta, \psi)$ 的选取都需要使 $\tilde{\boldsymbol{A}}_{i\mathrm{H}}(i=\phi, \theta, \psi)$ 为赫尔维茨矩阵，如注释 4.1 所示。在实际应用中，这些参数可以根据悬停时选取的性能要求进行整定。在悬停时，3 个姿态角接近 0°，因此闭环系统的非线性和耦合的影响很小。在这种情况下，等价干扰 $q_i(i=\phi, \theta, \psi)$ 的影响也很小，于是，可以通过忽略干扰影响，根据闭环系统的响应得到标称控制器参数。实际上，由于不确定性影响较小，可以根据极点配置方法来决定闭环标称子系统的期望极点，因此 3 个标称子系统是解耦线性的，通过这种方法，很容易得到标称控制器和观测器参数。在本实验中，设置的标称 PD 控制器和降阶观测器参数如下：$k_{\phi1}=4$，$k_{\phi2}=3$，$l_\phi=50$，$k_{\theta1}=4$，$k_{\theta2}=3$，$l_\theta=50$，$k_{\psi1}=0.5$，$k_{\psi2}=0.2$ 和 $l_\psi=50$。如图 4.3 所示是没有鲁棒补偿控制器系统的响应。稳态误差分别为 2.5°，2°和 0.2°。尽管 3 个通道仍然存在稳态误差，悬停性能仍能得到保证。

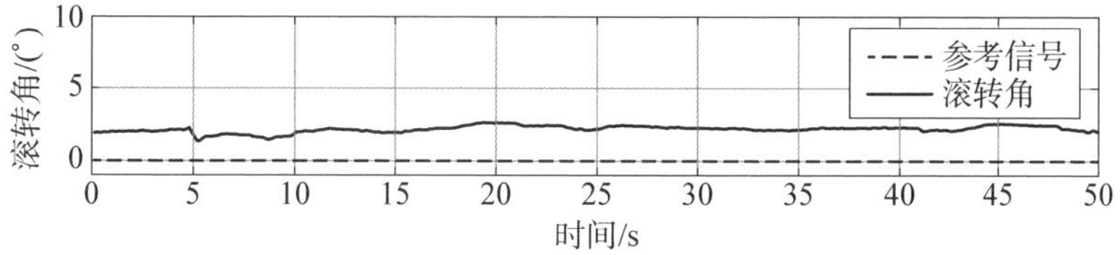

(a) 滚转响应

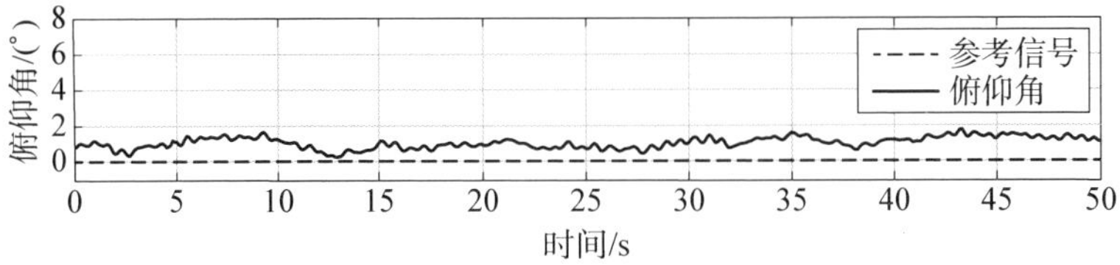

(b) 俯仰响应

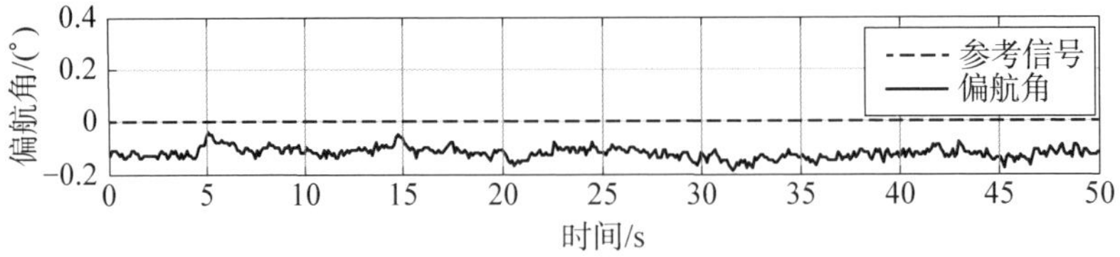

(c) 偏航响应

图 4.3 在悬停任务中无鲁棒补偿控制器系统的响应

然后,添加鲁棒补偿控制器抑制不确定性影响,鲁棒补偿控制器参数 $g_i = 3(i=\phi, \theta, \psi)$。鲁棒闭环系统的响应如图 4.4 所示。3 个姿态角的稳态误差分别为 0.2°, 0.5°和 0.05°。可以看出稳态跟踪性能有了提高。相应的控制输入如图 4.5 所示。

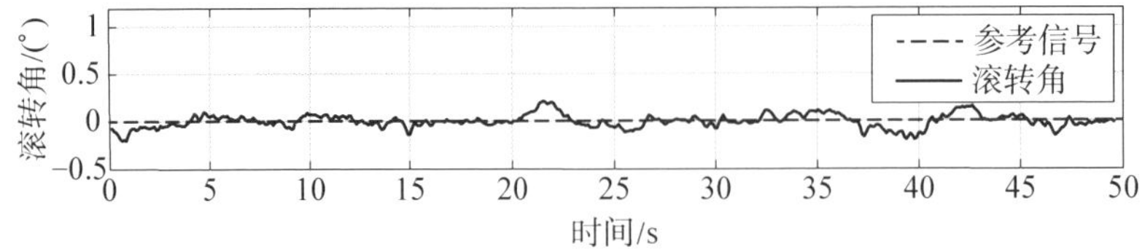

(a) 滚转响应

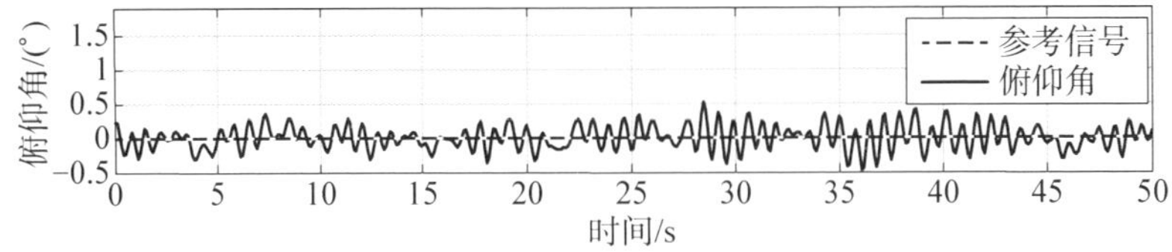

(b) 俯仰响应

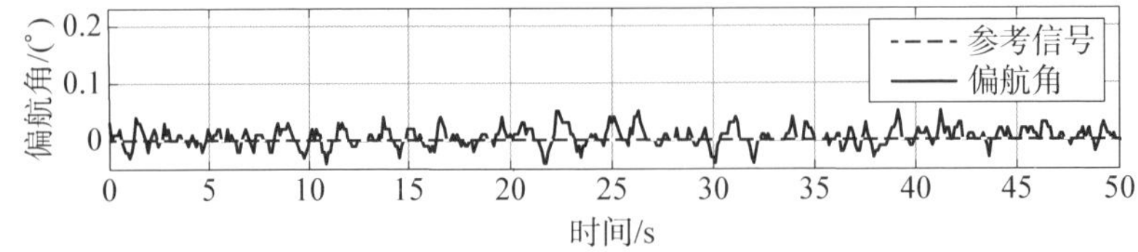

(c) 偏航响应

图 4.4 在悬停任务中鲁棒闭环系统的响应

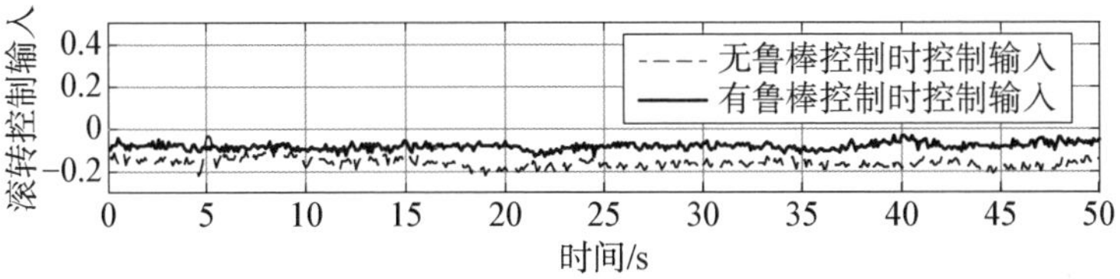

(a) 滚转控制输入

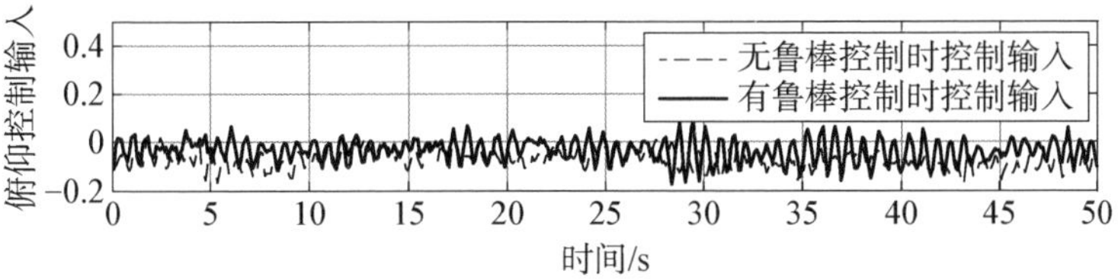

(b) 俯仰控制输入

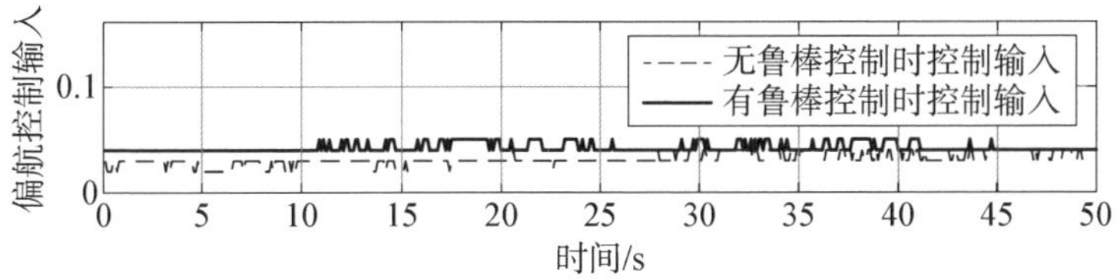

(c) 偏航控制输入

图 4.5　悬停任务中的控制输入

2) **实验 4.2**:在大角度跟踪飞行中确定鲁棒补偿控制器参数

该实验要求四旋翼无人机在耦合条件下跟踪大角度参考信号,因此等价干扰的影响不能忽略。此时,3 个姿态角不接近 0°,因此非线性耦合项,特别是科氏项会严重影响闭环控制系统的性能,故引入鲁棒补偿控制器来减少非线性耦合项的影响。如定理 4.1 所示,理论上鲁棒补偿控制器参数 $g_i(i=\phi, \theta, \psi)$ 需要满足 $g_{\min}>\dfrac{4\lambda_{\delta g}^2}{\varepsilon^2}$。在实际应用中,$g_i(i=\phi, \theta, \psi)$ 可以在线单向整定:首先,设定初始值,并运行闭环控制系统;如果系统跟踪性能不好,则增大 $g_i(i=\phi, \theta, \psi)$ 取值,直到满足性能要求。设定鲁棒补偿控制器参数 $g_i=3(i=\phi, \theta, \psi)$,2 个耦合通道的实验结果和带有鲁棒补偿控制器的结果分别如图 4.6 和图 4.7 所示。从图中可看出,在多种不确定性影响下,无人机闭环控制系统的动态和静态性能都得到了提高。闭环系统的控制输入如图 4.8 所示。

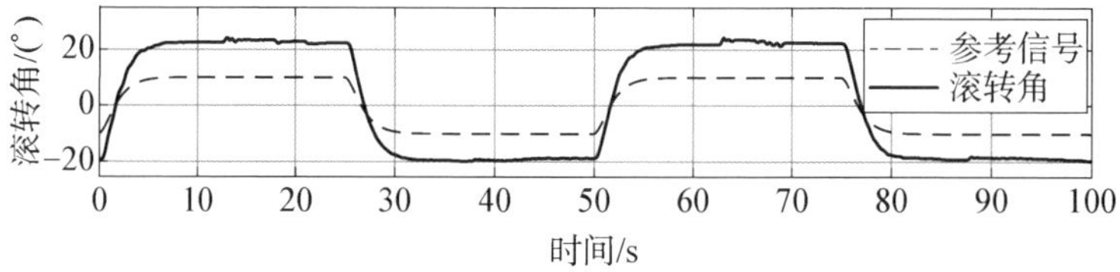

(a) 滚转响应

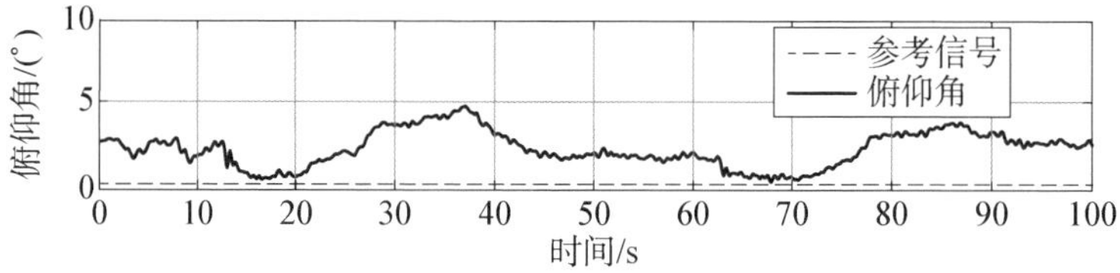

(b) 俯仰响应

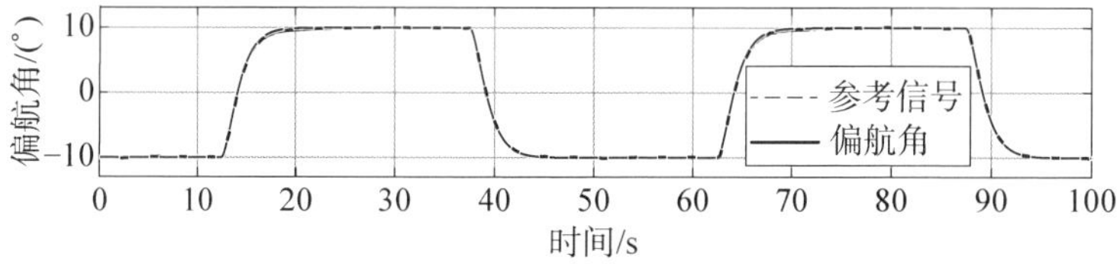

(c) 偏航响应(两条曲线基本重合)

图 4.6 带有鲁棒补偿控制器的轨迹跟踪任务中的 PD 控制响应(耦合通道 1)

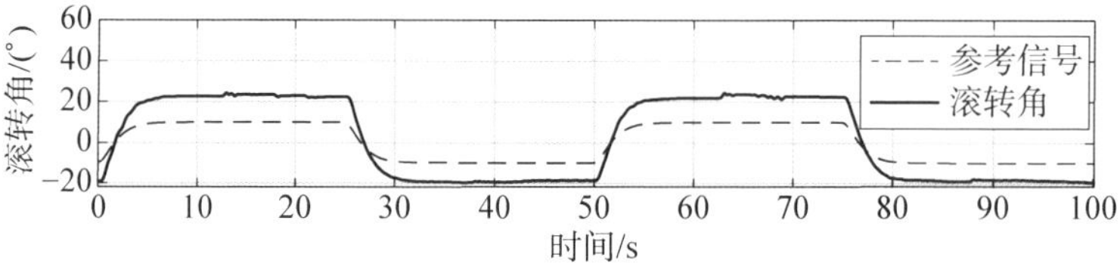

(a) 滚转响应

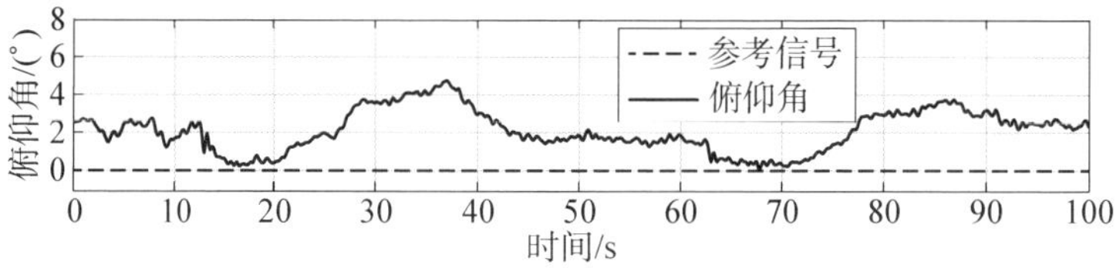

(b) 俯仰响应

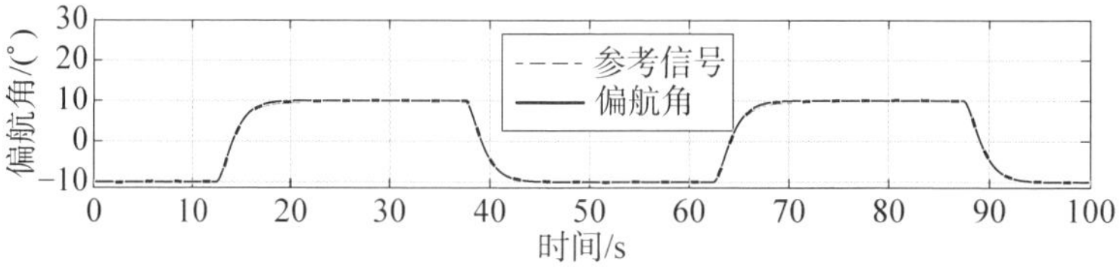

(c) 偏航响应(两条曲线基本重合)

图 4.7 带有鲁棒补偿控制器的轨迹跟踪任务中 PD 控制响应(耦合通道 2)

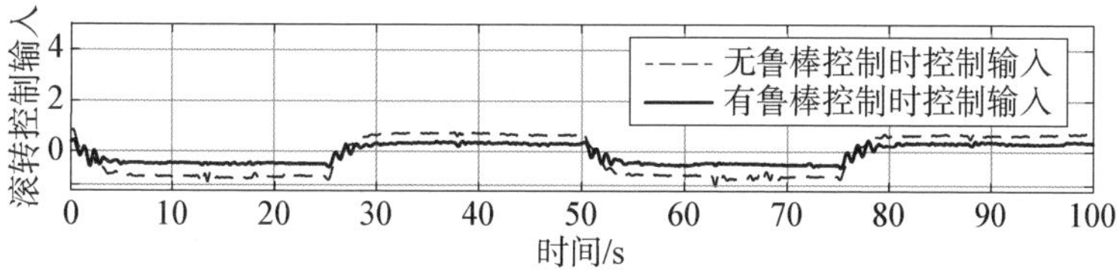

(a) 滚转控制输入

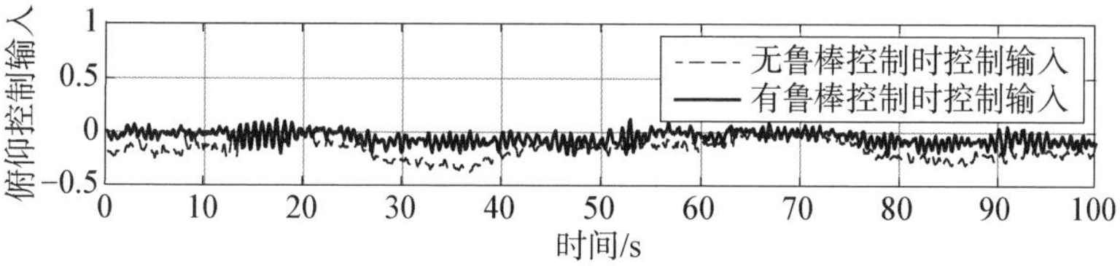

(b) 俯仰控制输入

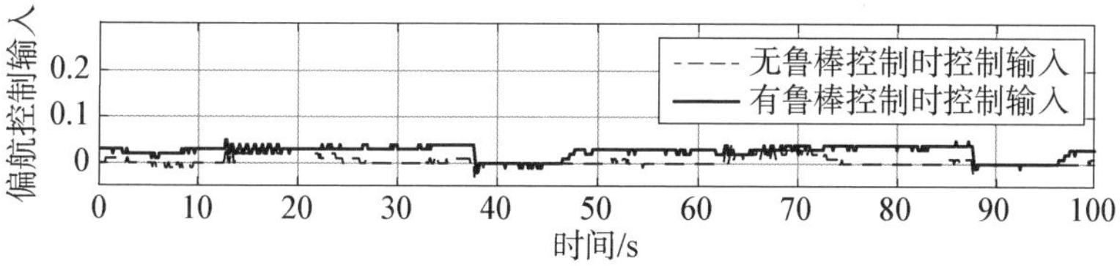

(c) 偏航控制输入

图 4.8　轨迹跟踪任务中闭环系统的控制输入

实际上，本章所设计的控制参数 $g_i(i=\phi, \theta, \psi)$ 是偏保守的。具体来说，如果将参数 $g_i(i=\phi, \theta, \psi)$ 设置为更大的值，则鲁棒滤波器将会有更大的频率带宽，此时控制输入 $u_i^{\mathrm{RC}}(t)$ 将会逐渐接近值 $\dfrac{-q_i(t)}{a_i^{\mathrm{N}}}$，全部闭环系统等价干扰的影响将会被进一步抑制。因此，本节利用在线整定方式，调试了多组鲁棒补偿控制器参数。该过程的具体影响可从图 4.9 中看出，设定参数 $g_i=1(i=\phi, \theta, \psi)$ 时所提出的闭环控制系统的跟踪误差，与设定参数 $g_i=3(i=\phi, \theta, \psi)$ 时所得到的滚转误差相比较小。这也证明了本章所设计的控制器参数是比较保守的，可以采用在线调节的方式来应对现实中不确定性较大的情况，或者通过在线调节，在不确定性界限未知的情况下达到预期设计目标。

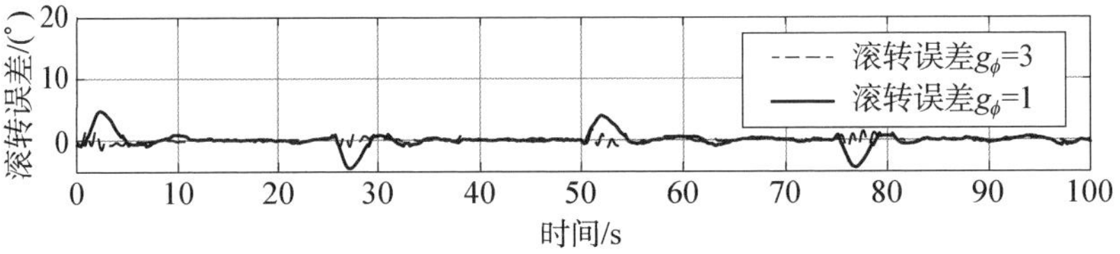

（a）滚转误差

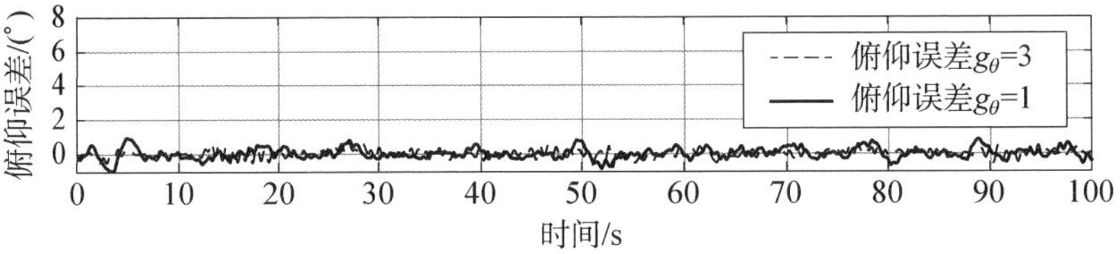

（b）俯仰误差

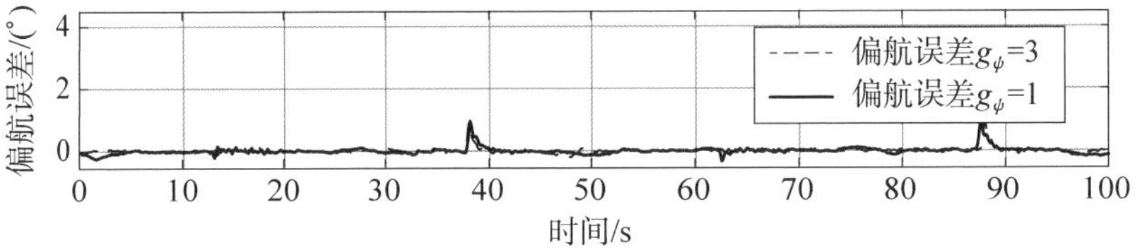

（c）偏航误差（两条曲线基本重合）

图 4.9 不同鲁棒补偿参数下的跟踪误差对比

4.6 本章小结

本章提出了一种在角速度难以测量的情况下，四旋翼无人机姿态控制器的设计方法。所设计的控制器通过一个线性降阶观测器、一个标称 PD 控制器来达到预期的设定目标，通过一个鲁棒补偿控制器来应对由环境中存在的不确定性造成的目标飞行状态与预期状态的偏差。在本章设计的控制器中，标称观测器具体用来估计四旋翼无人机在飞行过程中的实时角速度，鲁棒补偿控制器用来抑制飞行过程中各种不确定性的影响。同时，通过理论证明了通过应用本章设计的控制器，可以使得闭环系统的角速度估计误差和角度误差在一个有限的时间内收敛到给定邻域。最后的仿真实验结果验证了本章提出的控制方法的有效性。

第 5 章 四旋翼飞行器轨迹跟踪分层控制

5.1 引言

与轮式无人车相比，四旋翼无人机拥有六自由度，并且具有在三维空间中飞行的能力。四旋翼无人机通过改变所安装的四个旋翼的旋转速度，改变所受到的气动力和力矩，进而实现在三维空间中的飞行。四旋翼无人机轨迹跟踪控制是实现三维空间飞行的关键技术。

文献[77-80]采用 PID 控制方法实现了四旋翼无人机的自主飞行。文献[81]和文献[82]分别研究了基于李雅普诺夫（Lyapunov）分析方法和反馈控制方法的嵌套饱和算法，实现了微型四旋翼无人机的轨迹跟踪。然而，四旋翼无人机是一种多输入多输出的欠驱动系统，包含多种不确定性，例如参数不确定性、未建模不确定性、非线性、耦合性和外界干扰。尽管文献[83-85]和文献[62]所提出的控制方法是有效的，但是在控制器设计过程中并没有充分考虑多种不确定性对闭环控制系统稳定性的影响，因此并不能保证闭环控制系统的鲁棒跟踪性能。

此外，为减少不确定性因素的影响，许多学者一直致力于鲁棒姿态控制器的设计。文献[86]设计了一种模糊控制器，文献[87]设计了一种滑模反馈控制器，文献[88]设计了一种反馈控制器，文献[89]设计了一种基于四元数的反馈控制方法，文献[90]设计了一种转换模型预测控制器。但是，上述文献中设计的控制器都仅实现了无人飞行器的姿态稳定。

在四旋翼无人机的控制方法中，分层控制方法是一种常用的方法。通过分层控制方法，四旋翼的姿态和位置控制器可以单独设计，从而实现控制。该方法主要是基于时间尺度分离的假设，即闭环平移动力学比闭环旋转动力学的收敛速度慢得多。文献[91]和文献[92]基于输入输出线性化和指令滤波器反演方法提出一种双回路非线性控制方法,实现了四旋翼的运动控制。然而,这些研究方法主要是针对转动过程中的不确定性,忽略了平动过程中的干扰影响。文献[47]针对微型四旋翼设计了一种基于奇异摄动理论的分层状态反馈控制器,但没有讨论不确定因素的影响。

在第 3 章、第 4 章中,基于鲁棒补偿的控制方法已经成功应用于四旋翼无人机的姿态控制。本章提出了基于鲁棒补偿控制器的轨迹跟踪控制方法。由于四旋翼无人机具有六自由度,却只有四个控制输入,因此研究四旋翼无人机的轨迹跟踪控制问题具有挑战性。此外,四旋翼无人机在纵向和横向上是欠驱动的,即纵向和横向的运动需要通过适当改变俯仰角和滚转角来实现。在本章中,通过设计姿态控制器和位置控制器分别实现对旋转和平动的控制。位置控制器用来稳定四旋翼飞行的高度,并且基于纵向和横向的位置跟踪误差产生期望的俯仰角和滚转角的参考信号。设计姿态控制器实现对期望的俯仰角、滚转角和偏航角的信号跟踪。姿态和位置控制器由标称控制器和鲁棒补偿控制器组成。其中鲁棒补偿控制器用来抑制不确定性的影响,包括参数摄动、耦合、非线性和外界干扰。

相比于现有文献对四旋翼无人机运动控制问题的研究,本章所提出的鲁棒分层控制方法可以抑制各种不确定性对四旋翼无人机旋转和平动系统的影响,并且该方法不依赖于时间尺度分离假设,可以在大机动情况下实现高精度控制,位置跟踪误差可以从理论上证明是最终有界的。此外,所设计得到的分层控制器是线性时不变的,因此很容易在实际工程应用中实现。

5.2 四旋翼无人机六自由度非线性模型

四旋翼无人机拥有四个控制输入:四个旋翼的旋转速度;并且拥有六自由度:俯仰角、滚转角、偏航角、纵向位置、横向位置和高度。纵向旋翼(前和后)顺时针转动,而横向旋翼(左和右)逆时针转动。前旋翼转速增加和后旋翼转速减少会产生纵向的俯仰运动;改变左右旋翼的旋转速度会产生横向的滚转运动;增加(减少)纵向旋翼的旋转速度且减少(增加)横向旋翼的旋转速度会产生偏航运动。每个旋翼产生的升力总和会使飞机进行上下(高度)运动。三个欧拉角(俯仰角、滚转角和偏航角)确定了从惯性坐标系到机体坐标系的旋转矩阵。四旋翼无人机原理如图 2.2 所示。

令 $\alpha=(X_E, Y_E, Z_E)$ 表示惯性坐标系，$\beta=(X_B, Y_B, Z_B)$ 表示机体坐标系，其原点在四旋翼无人机的质心。矢量 $\boldsymbol{\xi}=[\xi_x \quad \xi_y \quad \xi_z]^T$ 表示机体坐标系的原点位置相对于惯性坐标系 α 的位置，其中 ξ_x 为四旋翼无人机纵向位置；ξ_y 为横向位置；ξ_z 为高度。此外，令 $\boldsymbol{\eta}=[\theta \quad \phi \quad \psi]^T$ 表示三个欧拉角：俯仰角 θ、滚转角 ϕ、偏航角 ψ 从惯性坐标系到机体坐标系的转换矩阵 $\boldsymbol{R}$ 如式(2.1)所示。

通过欧拉-拉格朗日的方法可得到四旋翼无人机的非线性运动方程如下：

$$
\begin{aligned}
\ddot{\xi}_x &= -a_{x1}\dot{\xi}_x + \frac{f(\cos\phi\cos\psi\sin\theta+\sin\phi\sin\psi)}{m} \\
\ddot{\xi}_y &= -a_{y1}\dot{\xi}_y - \frac{f(\cos\psi\sin\phi-\cos\phi\sin\theta\sin\psi)}{m} \\
\ddot{\xi}_z &= -a_{z1}\dot{\xi}_z + \frac{f\cos\theta\cos\phi}{m} - g \\
\ddot{\theta} &= -a_{\theta1}\dot{\theta} + a_{\theta2}\tau_\theta \\
\ddot{\phi} &= -a_{\phi1}\dot{\phi} + a_{\phi2}\tau_\phi \\
\ddot{\psi} &= -a_{\psi1}\dot{\phi} + a_{\psi2}\tau_\psi
\end{aligned}
\tag{5.1}
$$

式中，m 为四旋翼无人机质量；g 为重力加速度；$a_{j1}(j=x, y, z, \theta, \phi, \psi)$ 和 $a_{i2}(i=\theta, \phi, \psi)$ 为四旋翼无人机参数；f 和 $\boldsymbol{\tau}=[\tau_\theta \quad \tau_\phi \quad \tau_\psi]^T$ 分别为施加到机体的力和力矩，$f_i(i=1, 2, 3, 4)$ 为四个旋翼产生的升力，具体表达式如式(2.3)和式(2.4)所示。

定义控制输入 $u_i(i=z, \theta, \phi, \psi)$ 如下：

$$
\begin{aligned}
u_z &= \omega_1^2+\omega_2^2+\omega_3^2+\omega_4^2 \\
u_\theta &= \omega_1^2-\omega_3^2 \\
u_\phi &= \omega_2^2-\omega_4^2 \\
u_\psi &= \omega_1^2-\omega_2^2+\omega_3^2-\omega_4^2
\end{aligned}
$$

令 $b_x=b_y=g$，$b_z=\frac{k_\omega}{m}$，$b_\theta=l_{mc}k_\omega a_{\theta2}$，$b_\phi=l_{mc}k_\omega a_{\phi2}$，$b_\psi=l_f k_\omega a_{\psi2}$。于是式(5.1)可改写为

$$
\begin{aligned}
\ddot{\xi}_x &= b_x^N(\theta+q_x) \\
\ddot{\xi}_y &= -b_y^N(\phi+q_y) \\
\ddot{\xi}_z &= b_z^N(u_z+q_z)-g
\end{aligned}
$$

$$
\begin{aligned}
\ddot{\theta} &= b_{\theta}^{\mathrm{N}}(u_{\theta}+q_{\theta}) \\
\ddot{\phi} &= b_{\phi}^{\mathrm{N}}(u_{\phi}+q_{\phi}) \\
\ddot{\psi} &= b_{\psi}^{\mathrm{N}}(u_{\psi}+q_{\psi})
\end{aligned} \tag{5.2}
$$

式中,上标 N 表示标称参数;$q_i(i=x, y, z, \theta, \phi, \psi)$ 为等价干扰,其表达式如下:

$$
\begin{aligned}
q_x &= \frac{-a_{x1}\dot{\xi}_x + \dfrac{\cos\phi\cos\psi\sin\theta k_{\omega}u_z}{m} - b_x^{\mathrm{N}}\theta + \dfrac{\sin\phi\sin\psi k_{\omega}u_z}{m}}{b_x^{\mathrm{N}}} + d_x \\
q_y &= \frac{-a_{y1}\dot{\xi}_y + \dfrac{\cos\psi\sin\phi k_{\omega}u_z}{m} - b_y^{\mathrm{N}}\phi - \dfrac{\cos\phi\sin\theta\sin\psi k_{\omega}u_z}{m}}{b_y^{\mathrm{N}}} + d_y \\
q_z &= \frac{(-a_{z1}\dot{\xi}_z + \cos\theta\cos\phi b_z - b_z^{\mathrm{N}})u_z}{b_z^{\mathrm{N}}} + d_z \\
q_i &= \frac{(-a_{i1}\dot{i} + b_i - b_i^{\mathrm{N}})u_i}{b_i^{\mathrm{N}}} + d_i, \quad i=\theta, \phi, \psi
\end{aligned} \tag{5.3}
$$

式中,$d_i(i=x, y, z, \theta, \phi, \psi)$ 为外部干扰。

假设 5.1: 俯仰角和滚转角满足 $\theta \in \left[-\frac{\pi}{2}+\delta_{\theta}, \frac{\pi}{2}-\delta_{\theta}\right]$ 和 $\phi \in \left[-\frac{\pi}{2}+\delta_{\phi}, \frac{\pi}{2}-\delta_{\phi}\right]$,其中 δ_{θ} 和 δ_{ϕ} 是正常数。

注释 5.1: 为了不让欧拉角产生奇点,四旋翼无人机在飞行过程中应该避免翻转。

假设 5.2: 升力的总和满足 $f>\delta_f$,其中 δ_f 是一个正常数。

注释 5.2: 上述假设是为了避免 $f=0$。实际上,如果 $f=0$,则由式(5.1)可得到 $\ddot{\xi}_i=-a_{i1}\dot{\xi}_i(i=x, y)$。此时,四旋翼无人机在纵向和横向上不受控制。

假设 5.3: 不确定参数 k_{ω}、k_f、l_{mc}、m、$a_{j1}(j=x, y, z, \theta, \phi, \psi)$ 和 $a_{i2}(i=\theta, \phi, \psi)$ 是有界的。标称参数 $b_i^{\mathrm{N}}(i=x, y, z, \theta, \phi, \psi)$ 是正的且满足 $|b_i-b_i^{\mathrm{N}}|<b_i^{\mathrm{N}}(i=z, \theta, \phi, \psi)$。

定义正常数 $\rho_i(i=x, y, z, \theta, \phi, \psi)$,其中 $\rho_x=\dfrac{\max\left|\dfrac{\dfrac{f\cos\phi\cos\psi\sin\theta}{m}}{\theta}-b_x^{\mathrm{N}}\right|}{b_x^{\mathrm{N}}}$,

$\rho_y = \dfrac{\max\left| b_y^{\mathrm{N}} - \dfrac{\dfrac{f\cos\psi\sin\phi}{m}}{\phi} \right|}{b_y^{\mathrm{N}}}$，$\rho_z = \dfrac{\max|b_z\cos\theta\cos\phi - b_z^{\mathrm{N}}|}{b_z^{\mathrm{N}}}$，以及 $\rho_j = \dfrac{\max|b_j - b_j^{\mathrm{N}}|}{b_j^{\mathrm{N}}}$ $(j=\theta,\ \phi,\ \psi)$。

假设 5.4: $\rho_i(i=x,\ y)$ 满足 $\rho_i < 1$。

注释 5.3: 如果 $b_i^{\mathrm{N}}(i=x,\ y)$ 是充分大的正常数，那么上述假设都成立。

注释 5.4: 由假设 5.1～假设 5.4，可得到 $0 \leqslant \rho_i < 1(i=x,\ y,\ z,\ \theta,\ \phi,\ \psi)$。

假设 5.5: 外界干扰 $d_i(i=x,\ y,\ z,\ \theta,\ \phi,\ \psi)$ 是有界的。

本章研究如下控制问题：通过设计鲁棒运动控制器来实现对期望参考信号 $r_i(i=x,\ y,\ z,\ \psi)$ 的跟踪。选择的输出变量为四旋翼无人机的三个位置和偏航角，即 $\{\xi_x,\ \xi_y,\ \xi_z,\ \psi\}$。

假设 5.6: 参考信号及其微分 $r_i^{(k)}(i=x,\ y;k=0,\ 1,\ 2,\ 3,\ 4)$ 和 $r_i^{(k)}(i=z,\ \psi;k=0,\ 1,\ 2)$ 是分段连续有界的。

5.3　鲁棒运动控制器设计

为了实现四旋翼的轨迹运动控制，本节设计了一种基于鲁棒补偿技术的姿态和位置控制器。从式(5.2)所示的四旋翼无人机模型可以看出，高度 ξ_z、俯仰角 θ、滚转角 ϕ、偏航角 ψ 可以分别由控制输入 u_z、u_θ、u_ϕ 和 u_ψ 来控制。设计的位置控制器用来稳定四旋翼无人机的高度和轨迹，姿态控制器实现对四旋翼无人机三个姿态角期望信号的跟踪。由于俯仰角和滚转角的改变会对纵向和横向的运动产生影响，因此俯仰角和滚转角的期望参考信号是位置控制器根据纵向和横向位置跟踪误差产生的。

5.3.1　位置控制器设计

从式(5.2)中可得到如下四旋翼无人机位置子系统：

$$
\begin{aligned}
\ddot{\xi}_x &= b_x^{\mathrm{N}}(\theta + q_x) \\
\ddot{\xi}_y &= -b_y^{\mathrm{N}}(\phi + q_y) \\
\ddot{\xi}_z &= b_z^{\mathrm{N}}(u_z + q_z) - g
\end{aligned}
$$

纵向和横向通道的控制器输入 $\hat{\theta}$ 和 $\hat{\phi}$ 由两部分组成——标称控制器输入 $u_i^{\mathrm{N}}(i=x,\ y)$ 和鲁棒补偿控制器输入 $u_i^{\mathrm{RC}}(i=x,\ y)$，如下所示：

$$\begin{aligned}\hat{\theta}&=u_x=u_x^{\mathrm{N}}+u_x^{\mathrm{RC}}\\ \hat{\phi}&=u_y=u_y^{\mathrm{N}}+u_y^{\mathrm{RC}}\end{aligned}\tag{5.4}$$

式中，

$$\begin{aligned}u_x^{\mathrm{N}}&=\frac{-(k_{x1}\xi_x-k_{x1}r_x+k_{x2}\dot{\xi}_x-k_{x2}\dot{r}_x-\ddot{r}_x)}{b_x^{\mathrm{N}}}\\ u_y^{\mathrm{N}}&=\frac{k_{y1}\xi_y-k_{y1}r_y+k_{y2}\dot{\xi}_y-k_{y2}\dot{r}_y-\ddot{r}_y}{b_y^{\mathrm{N}}}\\ u_i^{\mathrm{RC}}(s)&=-F_i(s)\hat{q}_i(s),\quad i=x,\ y\\ \hat{q}_x&=q_x+\theta-\hat{\theta}\\ \hat{q}_y&=q_y+\phi-\hat{\phi}\end{aligned}\tag{5.5}$$

式中，s 为拉普拉斯算子；$F_i(s)=F_{if}(s)F_{ig}(s)(i=x,\ y)$、$F_{if}(s)=\dfrac{f_i}{s+f_i}$ 和 $F_{ig}(s)=\dfrac{g_i}{s+g_i}$ 为鲁棒滤波器；$k_{ij}(i=x,\ y;j=1,\ 2)$、f_i 和 $g_i(i=x,\ y)$ 为待定的鲁棒滤波器参数。

位置控制器所产生的用来实现对俯仰和滚转进行跟踪的参考信号 $r_\theta=\hat{\theta}$，$r_\phi=\hat{\phi}$。

注释 5.5：本章所设计的鲁棒控制器不需要假设闭环姿态系统的收敛速度比闭环平动系统快得多。在平动动态讨论过程中没有忽略俯仰角和滚动角的跟踪误差，而是在等效扰动中考虑了。

注释 5.6：如果鲁棒补偿控制器参数 f_i 和 $g_i(i=x,\ y)$ 充分大，则鲁棒滤波器 $F_{if}(s)$ 和 $F_{ig}(s)$ 将会有充分大的频率带宽，其增益接近 1。此时 u_x^{RC} 和 u_y^{RC} 会接近 $-\hat{q}_x$ 和 $-\hat{q}_y$。因此 $\hat{q}_x$ 和 $\hat{q}_y$ 的影响会被抑制。

同样，控制器输入 u_z 也由两部分组成：

$$\begin{aligned}u_z&=u_z^{\mathrm{N}}+u_z^{\mathrm{RC}}\\ u_z^{\mathrm{N}}&=\frac{-(k_{z1}\xi_z-k_{z1}r_z+k_{z2}\dot{\xi}_z-k_{z2}\dot{r}_z-\ddot{r}_z-g)}{b_z^{\mathrm{N}}}\\ u_z^{\mathrm{RC}}(s)&=-F_z(s)q_z(s)\end{aligned}\tag{5.6}$$

式中，$F_z(s)=\dfrac{f_z g_z}{(s+f_z)(s+g_z)}$；$k_{z1}$、$k_{z2}$、$f_z$ 和 g_z 为待定的鲁棒滤波器参数。

5.3.2　姿态控制器设计

从式(5.2)中可得到如下四旋翼姿态子系统：

$$\ddot{\theta}=b_\theta^{\mathrm{N}}(u_\theta+q_\theta)$$

$$\ddot{\phi}=b_\phi^{\mathrm{N}}(u_\phi+q_\phi)$$

$$\ddot{\psi}=b_\psi^{\mathrm{N}}(u_\psi+q_\psi)$$

姿态控制器用来跟踪俯仰角 θ、滚转角 ϕ 和偏航角 ψ 的参考输入为 $r_i(i=\theta, \phi, \psi)$。同样地，姿态控制器输入 $u_i(i=\theta, \phi, \psi)$ 也由两部分组成——标称控制输入 u_i^{N} 和鲁棒补偿控制器输入 u_i^{RC}，如下所示：

$$u_i=u_i^{\mathrm{N}}+u_i^{\mathrm{RC}}$$

设计姿态标称控制律如下：

$$u_i^{\mathrm{N}}(t)=\frac{-[k_{i1}i(t)-k_{i1}r_i(t)+k_{i2}\dot{i}(t)-k_{i2}\dot{r}_i(t)-\ddot{r}_i(t)]}{b_i^{\mathrm{N}}} \tag{5.7}$$

式中，$k_{ij}(i=\theta, \phi, \psi; j=1, 2)$ 为待定的正常数。

注释 5.7：在实际应用中，$\dot{r}_i(i=\theta, \phi)$ 可以通过 $r_i(i=\theta, \phi)$ 的变化率估计得到，且 $\ddot{r}_i(i=\theta, \phi)$ 可以通过相似的方法获得。

鲁棒补偿控制器输入设计如下：

$$u_i^{\mathrm{RC}}(s)=-F_i(s)q_i(s), \quad i=\theta, \phi, \psi \tag{5.8}$$

式中，$F_i(s)=\dfrac{f_i g_i}{(s+f_i)(s+g_i)}(i=\theta, \phi, \psi)$，常数 f_i 和 g_i 为待定的鲁棒滤波器参数。

需要指出的是，式(5.5)、式(5.6)和式(5.8)中的不确定性参数 $q_i(i=z, \theta, \phi, \psi)$ 和 $\hat{q}_j(j=x, y)$ 在实际应用中不能直接测量得到。从式(5.2)可得到 $q_\theta=\dfrac{\ddot{\theta}}{b_\theta^{\mathrm{N}}}-u_\theta$。因此，$u_\theta^{\mathrm{RC}}$ 可以用状态 $z_{\theta1}$ 和 $z_{\theta2}$ 来实现，其实现方式如下：

$$\dot{z}_{\theta1}=-g_\theta z_{\theta1}-g_\theta^2\theta+b_\theta^{\mathrm{N}}u_\theta$$

$$\dot{z}_{\theta 2} = -f_\theta z_{\theta 2} + (f_\theta + g_\theta)\theta + z_{\theta 1}$$
$$u_\theta^{\mathrm{RC}} = \frac{f_\theta g_\theta (z_{\theta 2} - \theta)}{b_\theta^{\mathrm{N}}} \tag{5.9}$$

鲁棒补偿控制器输入 $u_i^{\mathrm{RC}}(i = x,\ y,\ z,\ \phi,\ \psi)$ 可以用同样的方式实现。

鲁棒控制系统的结构框图如图 5.1 所示。

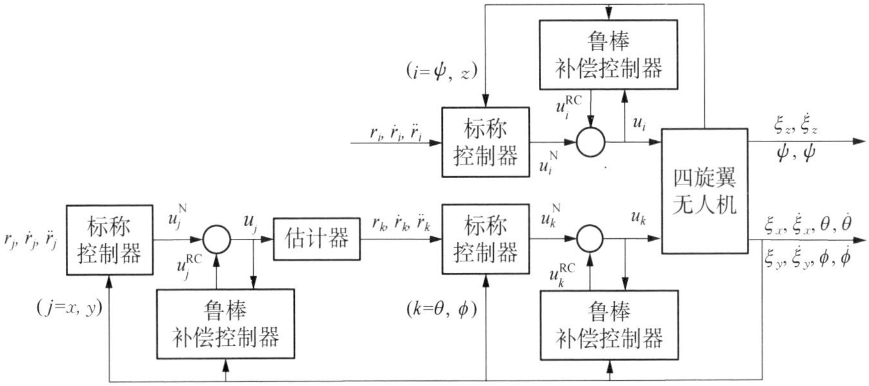

图 5.1 鲁棒控制系统结构

注释 5.8: 基于如上鲁棒控制方法设计的分层控制器是线性时不变的,这在工程应用中易于实现。

5.4 鲁棒性分析

本节将分析所设计的闭环控制系统的鲁棒性,其证明分为如下两步:首先证明高度和偏航角的跟踪误差会在有限时间内收敛到原点的给定邻域内;其次证明纵向和横向的跟踪误差也会同样地收敛到所给定的邻域内。

1) 高度和偏航通道的鲁棒性分析

定义高度和偏航通道的误差矢量为 $\boldsymbol{e}_i = [e_{i1} \quad e_{i2}](i = z,\ \psi)$,其中 $e_{z1} = \xi_z - r_z$,$e_{\psi 1} = \psi - r_\psi$,$e_{i2} = \dot{e}_{i1}$。由式(5.2)、式(5.6)、式(5.7)和式(5.8)可得:

$$\dot{\boldsymbol{e}}_i = \boldsymbol{A}_{ic}\boldsymbol{e}_i + \boldsymbol{B}_i(u_i^{\mathrm{RC}} + q_i),\quad i = z,\ \psi \tag{5.10}$$

式中,

$$\boldsymbol{A}_{ic} = \begin{bmatrix} 0 & 1 \\ -k_{i1} & -k_{i2} \end{bmatrix},\ \boldsymbol{B}_i = \begin{bmatrix} 0 \\ b_i^{\mathrm{N}} \end{bmatrix}$$

参数 k_{i1} 和 $k_{i2}(i=z,\ \psi)$ 的选择应使 $\boldsymbol{A}_{ic}$ 是赫尔维茨矩阵。

由式(5.6)、式(5.8)和式(5.10)可得：

$$\|\boldsymbol{e}_i\|_\infty \leqslant \lambda_{e_i(0)} + \gamma_i \|\boldsymbol{q}_i\|_\infty,\quad i=z,\ \psi \tag{5.11}$$

式中，$\gamma_i = \|(s\boldsymbol{I}_{2\times 2} - \boldsymbol{A}_{ic})^{-1}\boldsymbol{B}_i(1-\boldsymbol{F}_i)\|_\infty (i=z,\ \psi)$；$\lambda_{e_i(0)}$ 为正常数，且满足 $\lambda_{e_i(0)} \geqslant \|\boldsymbol{e}^{\boldsymbol{A}_{ic}t}\boldsymbol{e}_i(0)\|_\infty$；$\boldsymbol{I}_{2\times 2}$ 为一个 2×2 的单位矩阵。

注释 5.9:从文献[87]和文献[88]中可以看到，如果 f_i 和 g_i 充分大且 f_i 远比 g_i 大，则 $\gamma_i(i=z,\ \psi)$ 可以设为充分小。

定理 5.1:如果假设 5.1、假设 5.3、假设 5.5 和假设 5.6 成立，高度和偏航通道的闭环系统具有鲁棒跟踪性能，对于给定正常数 $\varepsilon_i(i=z,\ \psi)$ 和给定的有界初始状态 $\boldsymbol{e}_i(0)$，存在正常数 T_i、f_i 和 g_i，满足 f_i 和 g_i 充分大且 f_i 远比 g_i 大，则跟踪误差 $\boldsymbol{e}_i$ 有界且满足 $|\boldsymbol{e}_i(t)| \leqslant \varepsilon_i$，$\forall t \geqslant T_i$。

证明:由式(5.3)可知存在正常数 λ_{qez} 和 λ_{qcz} 使得：

$$\|q_z\|_\infty \leqslant \rho_z\|u_z\|_\infty + \lambda_{qez}\|\boldsymbol{e}_z\|_\infty + \lambda_{qcz} \tag{5.12}$$

从(5.6)式可知，存在正常数 λ_{uez} 和 λ_{ucz} 使得：

$$\|u_z\|_\infty \leqslant \lambda_{uez}\|\boldsymbol{e}_z\|_\infty + \|q_z\|_\infty + \lambda_{ucz} \tag{5.13}$$

由于 $\rho_z < 1$，因此将式(5.13)代入式(5.12)可得到正常数 λ_{ez} 和 λ_{cz}，使得：

$$\|q_z\|_\infty \leqslant \lambda_{ez}\|\boldsymbol{e}_z\|_\infty + \lambda_{cz} \tag{5.14}$$

结合式(5.11)和式(5.14)，可得：

$$\begin{aligned} \|q_z\|_\infty &\leqslant \frac{\lambda_{ez}\lambda_{e_z(0)} + \lambda_{cz}}{1-\lambda_{ez}\gamma_z} \\ \|\boldsymbol{e}_z\|_\infty &\leqslant \frac{\lambda_{e_z(0)} + \lambda_{cz}\gamma_z}{1-\lambda_{ez}\gamma_z} \end{aligned} \tag{5.15}$$

如果 γ_z 充分小，则可得到 q_z 和 $\boldsymbol{e}_z$ 是有界的，从而可得 u_z 是有界的。因此，存在正常数 η_{qz}、η_{ez} 和 η_{uz} 满足：

$$\begin{aligned} \|q_z\|_\infty &\leqslant \eta_{qz} \\ \|\boldsymbol{e}_z\|_\infty &\leqslant \eta_{ez} \\ \|u_z\|_\infty &\leqslant \eta_{uz} \end{aligned} \tag{5.16}$$

此外，从式(5.6)、式(5.10)和式(5.16)可得：

$$\max_j |e_{zj}(t)| \leqslant \max_j |c_{zj}^{\mathrm{T}} e^{A_{zc}t} e_z(0)| + \gamma_z \eta_{qz}$$

式中，c_{zj} 为一个 2×1 矢量，第 j 行为 1，其余元素为 0。

从上面的不等式可以看出，对于给定的正数 ε_z 和给定的初始条件，存在正数 T_z 和充分大的鲁棒补偿控制器参数 f_z 和 g_z，满足 f_z 远大于 g_z，使得 $|e_z(t)| \leqslant \varepsilon_z$，$\forall t \geqslant T_z$。

偏航角的鲁棒跟踪性可通过类似方法得到。

注释 5.10：从以上鲁棒性分析可知，俯仰角、滚转角、纵向位置和横向位置不影响高度通道的鲁棒跟踪特性。因此，上述纵向和横向通道的鲁棒性分析可得到高度通道的反馈控制器参数。

2）纵向和横向通道的鲁棒性

定义纵向和横向通道的误差矢量分别为 $e_x = [e_{x1} \quad e_{x2} \quad e_{\theta1} \quad e_{\theta2}]$ 和 $e_y = [e_{y1} \quad e_{y2} \quad e_{\phi1} \quad e_{\phi2}]$，其中 $e_{i1} = \xi_i - r_i (i = x, y)$，$e_{j1} = j - r_j (j = \theta, \phi)$ 和 $e_{i2} = \dot{e}_{i1} (i = x, y, \theta, \phi)$。

由式(5.2)、式(5.4)、式(5.5)、式(5.7)和式(5.8)，可得：

$$\dot{e}_i = A_{ic} e_i + B_i U_i, \quad i = x, y \tag{5.17}$$

式中，矩阵 $U_x = [u_x^{\mathrm{RC}} + \hat{q}_x \quad u_\theta^{\mathrm{RC}} + q_\theta]^{\mathrm{T}}$；$U_y = [u_y^{\mathrm{RC}} + \hat{q}_y \quad u_\phi^{\mathrm{RC}} + q_\phi]^{\mathrm{T}}$；$A_{xc} = \mathrm{diag}(A'_{xc}, A'_{\theta c})$；$B_x = \mathrm{diag}(B'_x, B'_\theta)$；$A_{yc} = \mathrm{diag}(A'_{yc}, A'_{\phi c})$；$B_y = \mathrm{diag}(B'_y, B'_\phi)$ 且

$$A'_{ic} = \begin{bmatrix} 0 & 1 \\ -k_{i1} & -k_{i2} \end{bmatrix}, \quad B'_i = \begin{bmatrix} 0 \\ b_i^{\mathrm{N}} \end{bmatrix}, \quad i = x, y, \theta, \phi$$

选取参数 k_{i1}、$k_{i2} (i = x, \theta)$ 及 k_{j1}、$k_{j2} (j = y, \phi)$，使得 A_{xc} 和 A_{yc} 是赫尔维茨矩阵。

由式(5.5)、式(5.8)和式(5.17)可得：

$$\|e_i\|_\infty \leqslant \lambda_{e_i(0)} + \gamma_i \|\Delta_i\|_\infty, \quad i = x, y \tag{5.18}$$

式中，$\Delta_x = \begin{bmatrix} \hat{q}_x & \dfrac{q_\theta}{f_x g_x} \end{bmatrix}^{\mathrm{T}}$；$\Delta_y = \begin{bmatrix} \hat{q}_y & \dfrac{q_\phi}{f_y g_y} \end{bmatrix}^{\mathrm{T}}$；$\gamma_x = \|(sI_{4\times4} - A_{xc})^{-1} B_x F_{x\theta}\|_\infty$；$\gamma_y = \|(sI_{4\times4} - A_{yc})^{-1} B_y F_{y\phi}\|_\infty$；$F_{x\theta} = \mathrm{diag}[(1 - F_x), f_x g_x (1 - F_\theta)]$；$F_{y\phi} = \mathrm{diag}[(1 - F_y), f_y g_y (1 - F_\phi)]$；$\lambda_{e_i(0)} (i = x, y)$ 为正数且满足 $\lambda_{e_i(0)} \geqslant \|e^{A_{ic}t} e_i(0)\|_\infty$；$I_{4\times4}$ 为 4×4 的单位矩阵。

引理 5.1： 如果 f_x 和 g_x 充分大且 f_x 远大于 g_x，则存在正常数 $\eta_{rie\theta}$ 和 $\eta_{ric\theta}(i=0, 1, 2)$ 满足：

$$
\begin{aligned}
&\|r_\theta\|_\infty \leqslant \eta_{r0e\theta}\|\boldsymbol{e}_x\|_\infty + \eta_{r0c\theta} \\
&\|\dot{r}_\theta\|_\infty \leqslant \eta_{r1e\theta} g_x\|\boldsymbol{e}_x\|_\infty + \eta_{r1c\theta} g_x \\
&\|\ddot{r}_\theta\|_\infty \leqslant \eta_{r2e\theta} g_x f_x\|\boldsymbol{e}_x\|_\infty + \eta_{r2c\theta} g_x f_x
\end{aligned} \tag{5.19}
$$

证明： 由式(5.4)和式(5.5)可得：

$$
r_\theta = \frac{-(k_{x1}e_{x1} + k_{x2}e_{x2} - \ddot{r}_x)}{b_x^{\mathrm{N}}} + u_x^{\mathrm{RC}} \tag{5.20}
$$

由式(5.3)、式(5.5)、式(5.16)和式(5.20)可知，存在正常数 $\eta_{r0e\theta}$ 和 $\eta_{r0c\theta}$ 使得：

$$
\|r_\theta\|_\infty \leqslant \eta_{r0e\theta}\|\boldsymbol{e}_x\|_\infty + \eta_{r0c\theta} \tag{5.21}
$$

由式(5.2)、式(5.4)和式(5.5)可得：

$$
\dot{e}_{x2} = -k_{x1}e_{x1} - k_{x2}e_{x2} + b_x^{\mathrm{N}}(u_x^{\mathrm{RC}} + \hat{q}_x) \tag{5.22}
$$

对式(5.20)两端同时进行微分可得：

$$
\dot{r}_\theta = \frac{-[k_{x1}e_{x2} + k_{x2}\dot{e}_{x2} - r_x^{(3)}]}{b_x^{\mathrm{N}}} + \dot{u}_x^{\mathrm{RC}} \tag{5.23}
$$

存在正常数 $\lambda_{r1e\theta}$ 和 $\lambda_{r1c\theta}$ 使得：

$$
\|\dot{r}_\theta\|_\infty \leqslant \lambda_{r1e\theta}\|\boldsymbol{e}_x\|_\infty + \|1 - F_x\|_\infty\|\hat{q}_x\|_\infty + g_x\|1 - F_{xg}\|_\infty\|\hat{q}_x\|_\infty + \lambda_{r1c\theta} \tag{5.24}
$$

如果 g_x 充分大，则由式(5.3)、式(5.5)、式(5.16)、式(5.21)和式(5.24)，可得到正常数 $\eta_{r1e\theta}$ 和 $\eta_{r1c\theta}$，使得：

$$
\|\dot{r}_\theta\|_\infty \leqslant \eta_{r1e\theta} g_x\|\boldsymbol{e}_x\|_\infty + \eta_{r1c\theta} g_x \tag{5.25}
$$

同样地，如果 f_x 和 g_x 充分大，则可以找到正常数 $\eta_{r2e\theta}$ 和 $\eta_{r2c\theta}$ 使得：

$$
\|\ddot{r}_\theta\|_\infty \leqslant \eta_{r2e\theta} g_x f_x\|\boldsymbol{e}_x\|_\infty + \eta_{r2c\theta} g_x f_x \tag{5.26}
$$

结合式(5.21)、式(5.25)和式(5.26)，可知引理 5.1 成立。

定理 5.2： 如果假设 5.1～假设 5.6 均满足，则对于给定的正常数 $\varepsilon_i(i=x, y)$ 和给定的有界初始状态 $\boldsymbol{e}_i(0)(i=x, y)$，存在正常数 $T_i(i=x, y)$ 和充分大的正常数 f_i 和 $g_i(i=x, y)$ 及 f_j 和 $g_j(j=\theta, \phi)$，且满足 $f_k(k=x, y, \theta,$

ϕ）远大于 $g_k(k=x, y, \theta, \phi)$。$f_i$ 和 $g_i(i=x, y)$ 远小于 f_j 和 $g_j(j=\theta, \phi)$，使得 $\boldsymbol{e}_i(i=x, y)$ 有界且满足 $|\boldsymbol{e}_i(t)| \leqslant \varepsilon_i, \forall t \geqslant T_i$。

证明：由式(5.3)、式(5.4)、式(5.5)、式(5.16)和式(5.19)，可知存在正常数 λ_{qex} 和 λ_{qcx} 满足：

$$\|\hat{q}_x\|_\infty \leqslant \rho_x \|u_x\|_\infty + \lambda_{qex}\|\boldsymbol{e}_x\|_\infty + \lambda_{qcx} \tag{5.27}$$

结合式(5.4)、式(5.5)和式(5.27)可得到正常数 λ_{ex} 和 λ_{cx} 使得：

$$\|\hat{q}_x\|_\infty \leqslant \lambda_{ex}\|\boldsymbol{e}_x\|_\infty + \lambda_{cx} \tag{5.28}$$

由式(5.3)、式(5.7)和式(5.8)可知，存在正常数 $\lambda_{r1\theta}$、$\lambda_{r2\theta}$、$\lambda_{re\theta}$ 和 $\lambda_{rc\theta}$ 满足：

$$\|q_\theta\|_\infty \leqslant \lambda_{r1\theta}\|\dot{r}_\theta\|_\infty + \lambda_{r2\theta}\|\ddot{r}_\theta\|_\infty + \lambda_{re\theta}\|\boldsymbol{e}_x\|_\infty + \lambda_{rc\theta} \tag{5.29}$$

如果引理 5.1 成立，f_x 和 g_x 充分大，且满足 $f_x \gg g_x$，则可得到正数 $\lambda_{e\theta}$ 和 $\lambda_{c\theta}$ 使得：

$$\|q_\theta\|_\infty \leqslant \lambda_{e\theta} g_x f_x \|\boldsymbol{e}_x\|_\infty + \lambda_{c\theta} g_x f_x \tag{5.30}$$

如果参数 f_θ 和 g_θ 比 f_x 和 g_x 大得多，$f_i(i=\theta, x)$ 比 $g_i(i=\theta, x)$ 大得多，则可得到充分小的 γ_x。此时，由式(5.18)、式(5.21)和式(5.23)可得：

$$\begin{aligned} \|q_x\|_\infty &\leqslant \frac{\lambda'_{ex}\lambda_{e_x(0)} + \lambda'_{cx}}{1-\lambda'_{ex}\gamma_x} \\ \|\boldsymbol{e}_x\|_\infty &\leqslant \frac{\lambda_{e_x(0)} + \lambda'_{cx}\gamma_x}{1-\lambda'_{ex}\gamma_x} \end{aligned} \tag{5.31}$$

式中，$\lambda'_{ex}=\lambda_{ex}+\lambda_{e\theta}$；$\lambda'_{cx}=\lambda_{cx}+\lambda_{c\theta}$。此时，如果 γ_x 充分小，则可以看到 q_x 和 $\boldsymbol{e}_x$ 是有界的，存在正常数 η_{qx} 和 η_{ex} 满足：

$$\begin{aligned} \|q_x\|_\infty &\leqslant \eta_{qx} \\ \|\boldsymbol{e}_x\|_\infty &\leqslant \eta_{ex} \end{aligned} \tag{5.32}$$

并且，由式(5.5)、式(5.8)、式(5.17)和式(5.25)可得：

$$\max_j |\boldsymbol{e}_{xj}(t)| \leqslant \max_j |\boldsymbol{c}_{xj}^{\mathrm{T}} \boldsymbol{e}^{\boldsymbol{A}_{xc}t} \boldsymbol{e}_x(0)| + \gamma_x \eta_{qx}$$

式中，$\boldsymbol{c}_{xj}$ 为一个 4×1 矢量。可得到纵向通道的鲁棒跟踪特性，即对于给定的正常数 ε_x 和给定的初始值 $\boldsymbol{e}_x(0)$，存在正常数 T_x 和充分大的正常数 f_θ、g_θ、f_x 和 g_x，且满足 $f_i(i=x, \theta)$ 远大于 $g_i(i=x, \theta)$，f_θ 和 g_θ 远大于 f_x 和 g_x，则

有 $|\boldsymbol{e}_x(t)| \leqslant \varepsilon_x$，$\forall t \geqslant T_x$。

横向通道的鲁棒跟踪特性可以用同样方式证明。

注释 5.11:在实际应用中,如果 $\ddot{r}_i(i=x,\ y,\ z,\ \theta,\ \phi,\ \psi)$ 很难获得或者包含很多噪声,则其在式(5.5)、式(5.6)和式(5.7)中的标称控制输入中可以被忽略。可以将其在等价干扰中考虑,视其为不确定性,仍然可以保证闭环系统的多输入多输出的鲁棒跟踪性能。

5.5　实验结果

四旋翼无人机实验平台包含一个机载航空电子系统,包括惯性测量单元模块、GPS 模块、声呐传感器、摄像头和飞行控制计算机。姿态环的更新频率为 100 Hz,这也是数据收集和数据融合的更新速率。位置环以 33 Hz 运行。四旋翼无人机系统的硬件配置如图 2.5 所示。TAQS 的标称参数 $b_x^{\mathrm{N}}=9.81$，$b_\theta^{\mathrm{N}}=9.7$，$b_\phi^{\mathrm{N}}=9.2$ 和 $b_\psi^{\mathrm{N}}=15.99$。控制器参数如表 5.1 所示。

表 5.1　TAQS 控制器参数

参数	数值	参数	数值	参数	数值	参数	数值
K_{x1}	0.05	K_{x2}	0.5	f_x	2	g_x	0.4
K_{y1}	0.05	K_{y2}	0.5	f_y	2	g_y	0.4
K_{z1}	2.5	K_{z2}	45	f_z	3	g_z	0.6
$K_{\theta1}$	6	$K_{\theta2}$	2	f_θ	20	g_θ	5
$k_{\phi1}$	6	$k_{\phi2}$	2	f_ϕ	20	g_ϕ	4
$k_{\psi1}$	4	$k_{\psi2}$	2	f_ψ	30	g_ψ	8

四旋翼无人机执行的室内任务是同时跟随纵向位置、横向位置和高度,其幅度为 2 m、2 m 和 0.5 m 的给定参考信号。偏航角需要保持在 0°的位置。3 个位置 ξ_x、ξ_y、ξ_z 以及 3 个姿态角 ψ、θ、ϕ 的响应曲线如图 5.2 和图 5.3 所示。在轨迹跟踪任务中,纵向位置、横向位置和高度的稳态误差分别为 0.2 m、0.3 m 和 0.04 m。此外,从式(5.1)中可以看出,四旋翼无人机的通道之间存在耦合。通过所提出的鲁棒控制方法,可以在各种不确定性的影响下实现良好的跟踪性能。因为四旋翼无人机在纵向和横向上欠驱动,所以需要俯仰角和滚转角来跟踪由纵向和横向位置跟踪误差得到的参考信号。在图 5.3(b)和(c)中描绘了俯

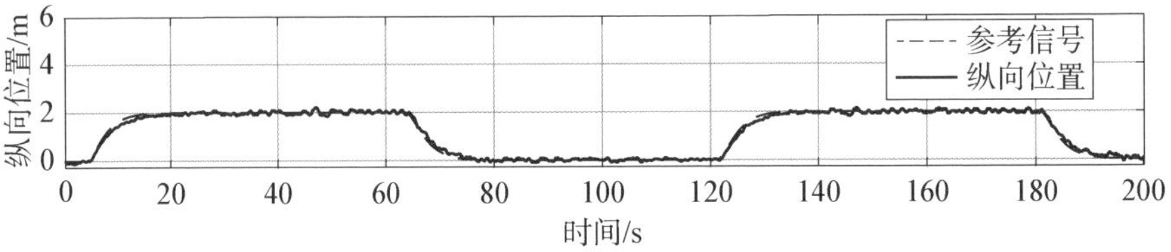

(a) 纵向响应(两条曲线基本重合)

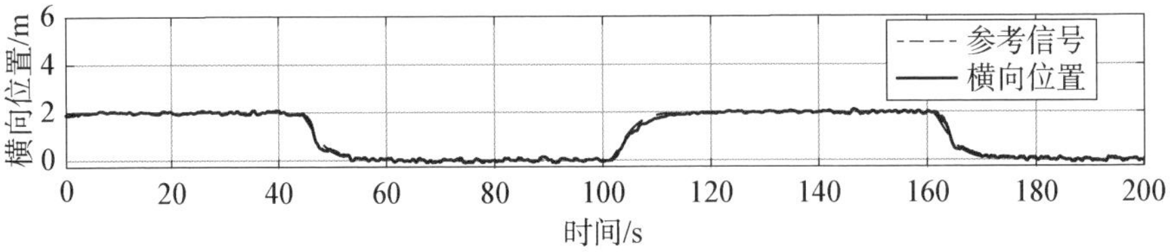

(b) 横向响应(两条曲线基本重合)

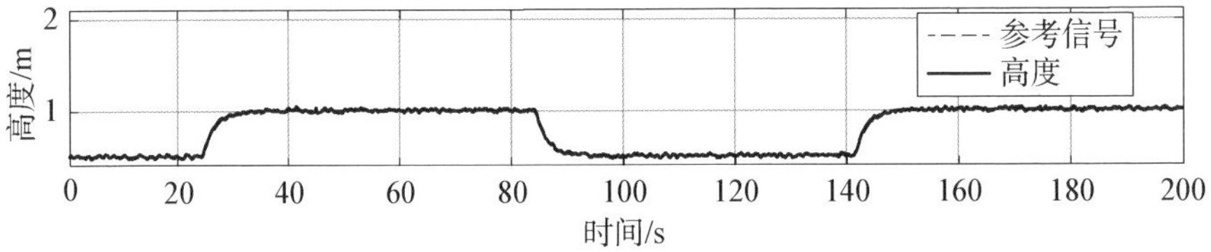

(c) 高度响应(两条曲线基本重合)

图 5.2 纵向位置、横向位置和高度响应曲线

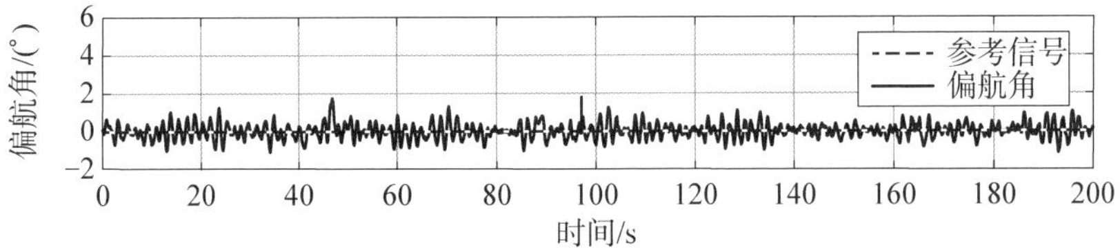

(a) 偏航响应

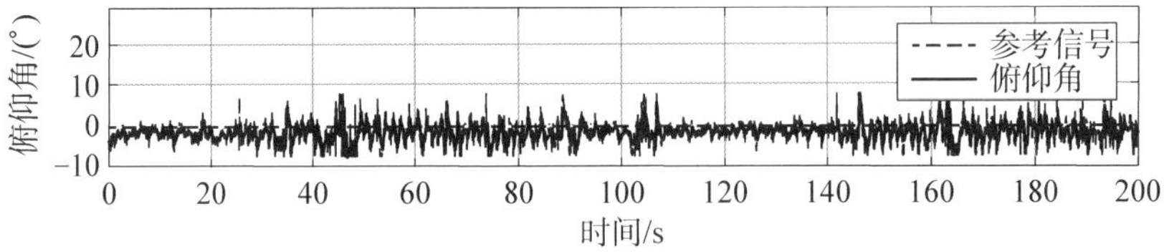

(b) 俯仰响应(两条曲线基本重合)

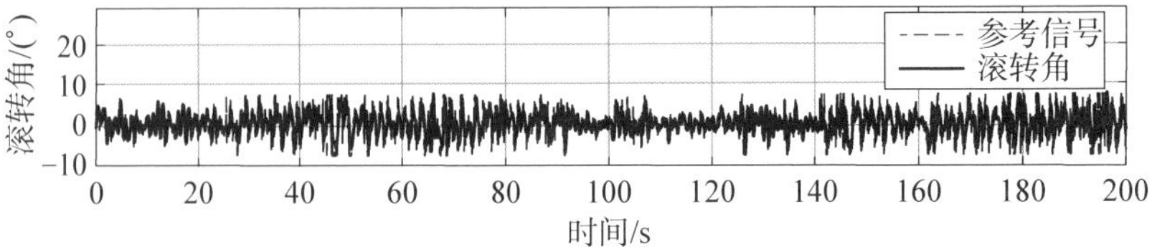

(c) 滚转响应(两条曲线基本重合)

图 5.3 偏航角、俯仰角和滚转角响应曲线

仰角和滚转角的响应。此外，为了验证所提出方法的优越性，将所提出的鲁棒补偿控制器与标称控制器进行比较。3 个位置的跟踪误差如图 5.4 所示。从图中可以看出，所提出的控制方法具有更好的动态和稳态性能，尤其是在纵向和横向上。高度通道中的跟踪误差较小是因为与纵向和横向通道中的动态模型相比，高度通道的非线性模型更简单。因此，所提出的控制方法可有效地减少包括参数摄动、耦合动态、非线性动力学和外部扰动在内的多种不确定性对闭环控制系统的影响，特别是在纵向和横向通道中。

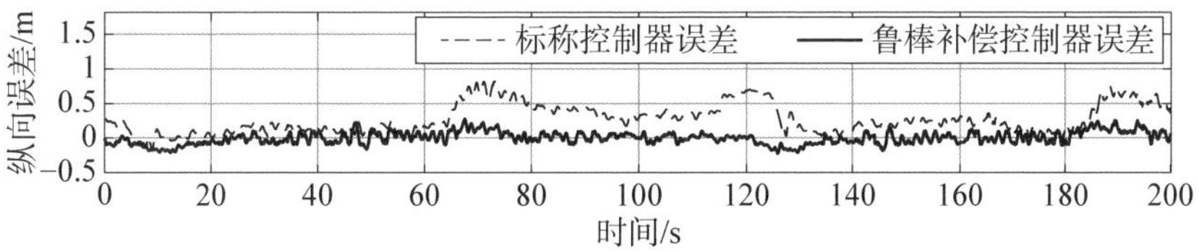

(a) 纵向响应

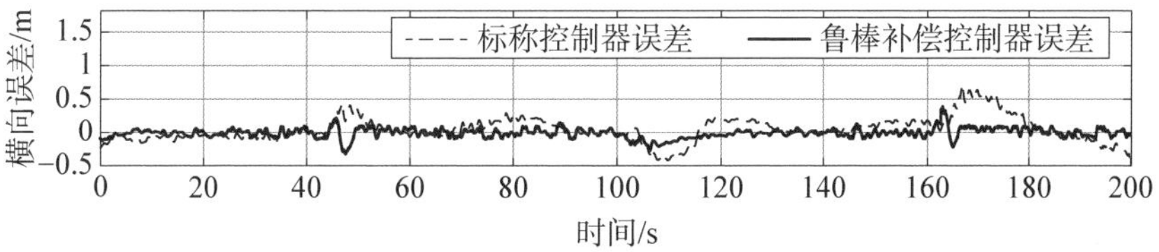

(b) 横向响应

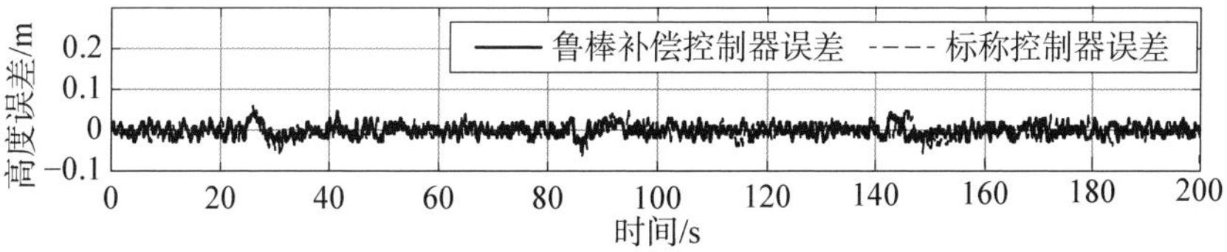

(c) 高度响应(两条曲线基本重合)

图 5.4　位置跟踪误差对比

5.6　本章小结

本章研究了四旋翼无人机在大机动飞行情况下的鲁棒运动控制问题，所设计的分层控制器由两个子控制器组成：一个姿态控制器和一个位置控制器。姿态控制器和位置控制器的设计都包括一个标称控制器和一个鲁棒补偿控制器。

鲁棒补偿控制器用来抑制包含非线性、耦合性、参数不确定性,以及在转动和平动过程中外部干扰等多种不确定性的影响。本章的理论分析和仿真结果证明了所提出方法的有效性。

第6章　四旋翼无人机鲁棒三回路轨迹跟踪控制

6.1　引言

近年来，旋翼无人机的轨迹跟踪飞行控制问题逐渐成为研究热点。文献[93]应用经典的PID反馈控制器实现了四旋翼无人机轨迹跟踪控制。文献[94－99]介绍了非线性控制方法，例如反演控制方法、嵌套饱和控制方法、PD非线性反馈控制方法、基于奇异摄动理论的分层控制方法、基于四元数的反馈控制方法。然而，为了获得闭环系统的期望跟踪性能，上述控制方法需要依赖于精确的旋翼无人机模型。

文献[95]使用了改进后的连续滑模反馈控制器，解决了四旋翼无人机在时变干扰情况下的姿态控制问题。文献[96]设计了一种切换模型预测控制器，实现了四旋翼无人机对大气扰动的鲁棒飞行控制。然而，文献[95]和文献[96]只考虑了旋转动态的不确定性影响，没有进一步充分探讨位置动态的不确定性影响。文献[97]设计了一种基于滑模方法的鲁棒控制器，实现对旋转和平移动态不确定性影响的抑制。但是，文献[97]需要构建滑模控制器或者自适应控制器来估计干扰和不确定性，因此位置响应不能都得到保证。

事实上，四旋翼无人机的不确定性种类包括参数摄动、非线性和未建模动态、耦合和外部扰动等。因此，很多学者通过设计鲁棒控制器来抑制这些不确定性对闭环控制系统的影响。文献[98]通过用Takagi-Sugeno模糊模型来表示四旋翼无人机的非线性模型，并设计了模糊控制器，其具有良好的闭环控制系统响应特性。文献[99]针对存在时变干扰情况下的四旋翼无人机姿态控制问题，提出了带有滑模项的连续反馈控制器。文献[85]针对无人飞行器提出了一种切换模型预测控制器，实现了鲁棒姿态控制且抑制了外界大气的干扰。文献[100]研究了在无人飞行器转动时存在的不确定性，但是针对无人飞行器平动动态中的不确定性干扰没有进一步研究。文献[101]基于滑模方法提出了鲁棒控制器来抑制平动动态和转动动态中的不确定干扰。

对于四旋翼无人机的轨迹跟踪控制问题，现有研究的普遍做法是将轨迹跟踪控制问题分为一个控制三个姿态角的姿态回路和一个控制四旋翼飞行轨迹的位置回路。通常，四旋翼无人机的姿态控制器和位置控制器是基于 PID 或 PD 控制方法设计的，在控制器设计过程中忽略了不确定性的影响。本章通过引入另一个控制回路，即鲁棒补偿回路，来抑制闭环控制系统模型所涉及的多种不确定性影响。因此，得到的轨迹跟踪控制器由三部分组成：标称姿态控制器、标称位置控制器以及鲁棒补偿控制器。在本章中，标称姿态控制器和标称位置控制器是基于标称模型的 PD 控制方法设计的。所设计的标称位置控制器用来稳定四旋翼无人机的高度，并且产生滚转角和俯仰角的参考信号。所设计的标称姿态控制器用来实现对三个姿态角参考信号的跟踪。引入的鲁棒补偿控制器用来抑制模型动态中多种不确定性的影响。

已有文献通过对直升机姿态控制问题进行降阶来实现期望转动性能。然而，本章所考虑的系统由姿态回路和位置回路以及用来抑制不确定性的鲁棒补偿回路组成，并且可以证明三个位置和偏航角的跟踪误差在有限时间内可收敛到所给定的原点邻域内。此外，本章设计的鲁棒补偿控制器可容易地加入闭环控制系统，并且可以很好地抑制多种不确定性对闭环控制系统的影响。所设计的鲁棒控制器是线性时不变的，很容易在工程应用中实现。

6.2 轨迹跟踪控制问题描述

四旋翼无人机的运动可以通过调整四个旋翼的旋转速度而获得。如图 6.1 所示，前后旋翼顺时针旋转而左右旋翼逆时针旋转。偏航运动是通过一组旋翼(前后旋翼)和另一组旋翼(左右旋翼)产生的反扭矩差值产生的。通过改变升力 f_1 和 f_3(f_2 和 f_4)，产生俯仰运动(滚转运动)。俯仰运动和滚转运动分别影响纵向和横向运动。由四个旋翼产生的升力的总和可影响高度运动。

令 $\beta=(B_x, B_y, B_z)$ 表示机体坐标系，其原点为飞行器的质心。令 $\alpha=(E_x, E_y, E_z)$ 表示地面惯性坐标系。令 $\boldsymbol{\xi}=[\xi_x \quad \xi_y \quad \xi_z]^{\mathrm{T}}$ 表示四旋翼在惯性坐标系 α 中的质心位置，其中 ξ_x、ξ_y 和 ξ_z 分别表示四旋翼无人机的纵向位置、

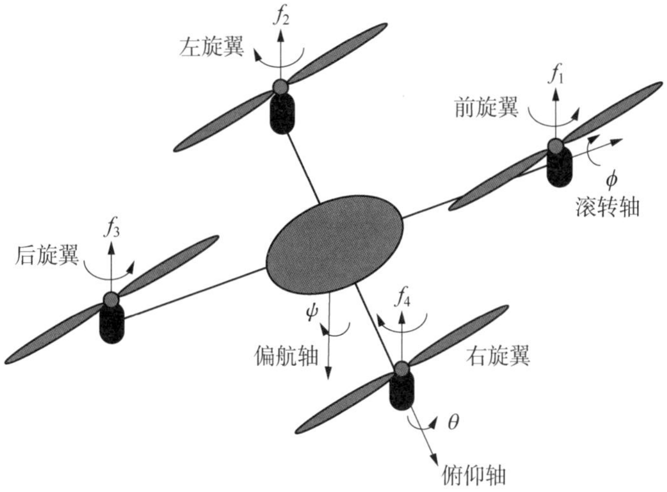

图 6.1　四旋翼无人机原理图

横向位置和高度。用 $\boldsymbol{R}$ 表示从机体坐标系 β 到惯性坐标系的 α 的转换矩阵。这个矩阵可通过依次旋转三个坐标轴 B_x、B_y 和 B_z 而获得。绕这三个坐标轴的旋转导致了滚转角 ϕ、俯仰角 θ 和偏航角 ψ。假设滚转角和俯仰角是有界的，满足 $|\phi|<\frac{\pi}{2}$ 和 $|\theta|<\frac{\pi}{2}$，以避免用欧拉角表示四旋翼无人机旋转运动时存在奇点。在本章中，假设俯仰角和滚转角满足 $\theta \in \left[-\frac{\pi}{2}+\delta_\theta, \frac{\pi}{2}-\delta_\theta\right]$ 和 $\phi \in \left[-\frac{\pi}{2}+\delta_\phi, \frac{\pi}{2}-\delta_\phi\right]$，其中 δ_θ 和 δ_ϕ 是较小的正值。转换矩阵 $\boldsymbol{R}$ 如式(2.1)所示。

如文献[102]所示，四旋翼无人机的三个姿态角和三个位置的动态方程可由下式描述：

$$
\begin{aligned}
\ddot{\xi}_x &= \frac{f(\cos\phi\cos\psi\sin\theta+\sin\phi\sin\psi)}{m} \\
\ddot{\xi}_y &= \frac{-f(\cos\psi\sin\phi-\cos\phi\sin\theta\sin\psi)}{m} \\
\ddot{\xi}_z &= \frac{f\cos\theta\cos\phi}{m}-g \\
\ddot{\phi} &= \boldsymbol{c}_\phi(\boldsymbol{\eta}, \dot{\boldsymbol{\eta}})\dot{\boldsymbol{\eta}}+b_{\phi\tau}\tau_\phi
\end{aligned}
$$

$$\ddot{\theta} = \boldsymbol{c}_{\theta}(\boldsymbol{\eta}, \dot{\boldsymbol{\eta}})\dot{\boldsymbol{\eta}} + b_{\theta\tau}\tau_{\theta}$$
$$\ddot{\psi} = \boldsymbol{c}_{\psi}(\boldsymbol{\eta}, \dot{\boldsymbol{\eta}})\dot{\boldsymbol{\eta}} + b_{\psi\tau}\tau_{\psi} \tag{6.1}$$

式中，m 为四旋翼无人机的质量；g 为重力加速度；$\boldsymbol{\eta} = [\phi \quad \theta \quad \psi]^{\mathrm{T}}$ 和 $b_{i\tau}(i = \phi, \theta, \psi)$ 为无人飞行器的模型参数；$\boldsymbol{c}_i(\boldsymbol{\eta}, \dot{\boldsymbol{\eta}})(i = \phi, \theta, \psi)$ 为科氏项；f 和 $\boldsymbol{\tau} = [\tau_{\phi} \quad \tau_{\theta} \quad \tau_{\psi}]^{\mathrm{T}}$ 表示作用在机体上的气动力和力矩。升力 $f_i(i = 1, 2, 3, 4)$ 满足 $f_i = k_f\omega_i^2$，四个旋翼产生的力矩可通过式 $\tau_i^{\mathrm{rt}} = k_{\tau}\omega_i^2(i = 1, 2, 3, 4)$ 分别得到，其中 k_f 和 k_{τ} 是由空气密度和桨叶几何类型等因素决定的正常数。

f 和 $\boldsymbol{\tau}$ 可由下式得到：

$$f = k_f \sum_{i=1}^{4} \omega_i^2$$
$$\tau_{\phi} = l_{\mathrm{mc}} k_f (\omega_2^2 - \omega_4^2)$$
$$\tau_{\theta} = l_{\mathrm{mc}} k_f (\omega_1^2 - \omega_3^2)$$
$$\tau_{\psi} = k_{\tau} (\omega_1^2 - \omega_2^2 + \omega_3^2 - \omega_4^2)$$

式中，l_{mc} 表示每个电机到飞行器质心的距离。令 $u_i(i = z, \theta, \phi, \psi)$ 表示控制输入且具有如下形式：

$$u_z = \omega_1^2 + \omega_2^2 + \omega_3^2 + \omega_4^2$$
$$u_{\phi} = \omega_2^2 - \omega_4^2$$
$$u_{\theta} = \omega_1^2 - \omega_3^2$$
$$u_{\psi} = \omega_1^2 - \omega_2^2 + \omega_3^2 - \omega_4^2$$

从以上表达式可以看出，$u_i(i = z, \phi, \theta, \psi)$ 与 f、τ_{ϕ}、τ_{θ} 和 τ_{ψ} 分别成比例。四个旋翼的旋转速度 $\omega_i^{\mathrm{r}}(i = 1, 2, 3, 4)$ 可通过 $u_i(i = z, \phi, \theta, \psi)$ 获得。

定义 $b_x = b_y = g$，$b_z = \dfrac{k_f}{m}$，$b_{\phi} = l_{\mathrm{mc}} k_f b_{\phi\tau}$，$b_{\theta} = l_{\mathrm{mc}} k_f b_{\theta\tau}$ 和 $b_{\psi} = k_{\tau} b_{\psi\tau}$。可得到 $b_i(i = x, y, z, \phi, \theta, \psi)$ 是正常数。这些参数可看成由上标 N 表示的标称值和由 Δ 表示的不确定性所组成，并且满足 $b_i = b_i^{\mathrm{N}} + \Delta b_i(i = x, y, z, \phi, \theta, \psi)$。标称参数 $b_i^{\mathrm{N}}(i = x, y, z, \phi, \theta, \psi)$ 是正数。非线性模型[式(6.1)]可改写为

$$\ddot{\xi}_x = b_x^{\mathrm{N}}(\theta + q_x)$$
$$\ddot{\xi}_y = -b_y^{\mathrm{N}}(\phi + q_y)$$
$$\ddot{\xi}_z = b_z^{\mathrm{N}}(u_z + q_z) - g$$

$$
\begin{aligned}
\ddot{\phi} &= b_{\phi}^{\mathrm{N}}(u_{\phi} + q_{\phi}) \\
\ddot{\theta} &= b_{\theta}^{\mathrm{N}}(u_{\theta} + q_{\theta}) \\
\ddot{\psi} &= b_{\psi}^{\mathrm{N}}(u_{\psi} + q_{\psi})
\end{aligned} \tag{6.2}
$$

式中，$q_i(i=x, y, z, \phi, \theta, \psi)$ 为等价干扰，且满足如下关系式：

$$
\begin{aligned}
q_x &= \rho_x \theta + \frac{\sin\phi \sin\psi k_f u_z}{m b_x^{\mathrm{N}}} + w_x \\
q_y &= \rho_y \phi - \frac{\cos\phi \sin\theta \sin\psi k_f u_z}{m b_y^{\mathrm{N}}} + w_y \\
q_z &= \rho_z u_z + w_z \\
q_i &= \frac{\boldsymbol{c}_i(\boldsymbol{\eta}, \dot{\boldsymbol{\eta}})\dot{\boldsymbol{\eta}}}{b_i^{\mathrm{N}}} + \rho_i u_i + w_i, \quad i=\phi, \theta, \psi
\end{aligned} \tag{6.3}
$$

式中，$w_i(i=x, y, z, \phi, \theta, \psi)$ 是外部干扰，且有

$$
\rho_x = \frac{\dfrac{\cos\phi \cos\psi \sin\theta k_f u_z}{m\theta} - b_x^{\mathrm{N}}}{b_x^{\mathrm{N}}}
$$

$$
\rho_y = \frac{\dfrac{\cos\psi \sin\phi k_f u_z}{m\phi} - b_y^{\mathrm{N}}}{b_y^{\mathrm{N}}}
$$

$$
\rho_z = \frac{\cos\theta \cos\phi b_z - b_z^{\mathrm{N}}}{b_z^{\mathrm{N}}}
$$

$$
\rho_i = \frac{b_i - b_i^{\mathrm{N}}}{b_i^{\mathrm{N}}}, \quad i=\phi, \theta, \psi
$$

实际上，外部干扰 $w_i(i=x, y, z, \phi, \theta, \psi)$ 是外部大气扰动作用在四旋翼无人机上的附加干扰。假设该附加干扰为连续可微的，且其前 n 阶微分均是有界的。

定义 $\sigma_i = \max|\rho_i|(i=x, y, z, \phi, \theta, \psi)$，且满足 $\sigma_i < 1$。如果 $b_i^{\mathrm{N}}(i=x, y, z, \phi, \theta, \psi)$ 充分大且滚转角和俯仰角满足 $|\phi| < \dfrac{\pi}{2}$，$|\theta| < \dfrac{\pi}{2}$ 和 $|\psi| < \dfrac{\pi}{2}$，则 $\sigma_i(i=x, y, z, \phi, \theta, \psi)$ 满足 $\sigma_i < 1$。纵向运动、横向运动、垂向运动和偏航角的期望参考信号分别用 $r_i(i=x, y, z, \psi)$ 表示。参考信号、微分 $r_i^{(k)}(i=x, y, z; k=0, 1, 2, 3, 4)$ 和 $r_{\psi}^{(k)}(k=0, 1, 2)$ 是分段连续有界的。

6.3 鲁棒运动控制器设计

通过忽略模型中的等价干扰 $q_i(i=x, y, z, \phi, \theta, \psi)$，可得到标称的线性模型[式(6.2)]。在本节中，首先针对标称系统模型，基于PD控制方法设计了一个标称姿态控制器和一个标称位置控制器。然后，设计一个鲁棒补偿控制器来抑制转动和平动过程中等价干扰的影响。因此，控制器由三部分组成：标称位置控制器、标称姿态控制器和鲁棒补偿控制器。

在本章中，纵向位置、横向位置、高度和偏航角为输出变量。滚转角和俯仰角的参考信号是位置控制器基于横向和纵向位置的跟踪误差产生的，分别用 r_ϕ 和 r_θ 来表示。垂向运动由位置控制器控制。标称姿态控制器实现对俯仰角、滚转角和偏航角期望信号的跟踪。鲁棒补偿控制器用来抑制等价干扰的影响。因此，控制输入 $u_i(i=z, \phi, \theta, \psi)$ 由两部分组成：$u_i=u_i^{\mathrm{N}}+u_i^{\mathrm{RC}}(i=z, \phi, \theta, \psi)$。$u_i^{\mathrm{N}}(i=z, \phi, \theta, \psi)$ 为标称控制输入；$u_i^{\mathrm{RC}}(i=z, \phi, \theta, \psi)$ 为鲁棒补偿输入。

6.3.1 标称位置控制器设计

令 $\theta_q=\theta+q_x$ 和 $\phi_q=\phi+q_y$。于是，由式(6.2)可得：

$$\begin{aligned}\ddot{\xi}_x&=b_x^{\mathrm{N}}\theta_q\\ \ddot{\xi}_y&=-b_y^{\mathrm{N}}\phi_q\end{aligned}\tag{6.4}$$

纵向和横向通道的控制输入为 $\hat{\theta}_q$ 和 $\hat{\phi}_q$。设计纵向和横向通道的PD反馈控制律如下：

$$\begin{aligned}\hat{\theta}_q&=\frac{-(k_x^p e_{x1}+k_x^d\dot{e}_{x1}-\ddot{r}_x)}{b_x^{\mathrm{N}}}\\ \hat{\phi}_q&=\frac{k_y^p e_{y1}+k_y^d\dot{e}_{y1}-\ddot{r}_y}{b_y^{\mathrm{N}}}\end{aligned}\tag{6.5}$$

式中，$e_{x1}=\xi_x-r_x$、$e_{y1}=\xi_y-r_y$ 和 $k_i^j(i=x, y; j=p, d)$ 为正的控制器参数。令 $r_\theta=\hat{\theta}_q$ 和 $r_\phi=\hat{\phi}_q$ 为俯仰角和滚转角的期望参考信号。同样地，设计高度通道的标称PD反馈控制律为

$$u_z^{\mathrm{N}}=\frac{-(k_z^p e_{z1}+k_z^d \dot{e}_{z1}-\ddot{r}_z-g)}{b_z^{\mathrm{N}}} \tag{6.6}$$

式中，$e_{z1}=\xi_z-r_z$ 和 $k_z^j(j=p, d)$ 是正的控制器参数。

6.3.2 标称姿态控制器设计

设计姿态控制器用来跟踪三个姿态角的参考信号 $r_i(i=\theta, \phi, \psi)$。设计三个姿态通道的标称控制律如下：

$$u_i^{\mathrm{N}}=\frac{-(k_i^p e_{i1}+k_i^d \dot{e}_{i1}-\ddot{r}_i)}{b_i^{\mathrm{N}}}, \quad i=\theta, \phi, \psi \tag{6.7}$$

式中，$e_{i1}=i-r_i(i=\theta, \phi, \psi)$ 和 $k_i^j(i=\theta, \phi, \psi; j=p, d)$ 为正的控制器参数。定义 $e_{\theta q1}=e_{\theta 1}+q_x$，$e_{\phi q1}=e_{\phi 1}+q_y$，且有

$$\begin{aligned} q_{\phi y}&=q_\phi+\frac{(\ddot{q}_y+k_\phi^d \dot{q}_y+k_\phi^p q_y)}{b_\phi^{\mathrm{N}}} \\ q_{\theta x}&=q_\theta+\frac{(\ddot{q}_x+k_\theta^d \dot{q}_x+k_\theta^p q_x)}{b_\theta^{\mathrm{N}}} \end{aligned} \tag{6.8}$$

于是，由式(6.2)和式(6.5)～式(6.8)，可得：

$$\begin{aligned} &\ddot{e}_{x1}+k_x^d \dot{e}_{x1}+k_x^p e_{x1}=b_x^{\mathrm{N}} e_{\theta q1} \\ &\ddot{e}_{y1}+k_y^d \dot{e}_{y1}+k_y^p e_{y1}=-b_y^{\mathrm{N}} e_{\phi q1} \\ &\ddot{e}_{z1}+k_z^d \dot{e}_{z1}+k_z^p e_{z1}=b_z^{\mathrm{N}}(u_z^{\mathrm{RC}}+q_z) \\ &\ddot{e}_{\phi q1}+k_\phi^d \dot{e}_{\phi q1}+k_\phi^p e_{\phi q1}=b_\phi^{\mathrm{N}}(u_\phi^{\mathrm{RC}}+q_{\phi y}) \\ &\ddot{e}_{\theta q1}+k_\theta^d \dot{e}_{\theta q1}+k_\theta^p e_{\theta q1}=b_\theta^{\mathrm{N}}(u_\theta^{\mathrm{RC}}+q_{\theta x}) \\ &\ddot{e}_{\psi 1}+k_\psi^d \dot{e}_{\psi 1}+k_\psi^p e_{\psi 1}=b_\psi^{\mathrm{N}}(u_\psi^{\mathrm{RC}}+q_\psi) \end{aligned} \tag{6.9}$$

6.3.3 鲁棒补偿控制器设计

在本节中，设计鲁棒补偿控制器输入来抑制不确定性 q_z、$q_{\phi y}$、$q_{\theta x}$ 和 q_ψ 的影响。鲁棒滤波器的结构如下：

$$F_i(s)=\frac{g_i^2}{(s+g_i)^2}, \quad i=x, y, z, \phi, \theta, \psi$$

式中，s 为拉普拉斯算子；$g_i(i=x, y, z, \phi, \theta, \psi)$ 为待定的鲁棒滤波器参数。

如果参数 $g_i(i=x,y,z,\phi,\theta,\psi)$ 充分大,则鲁棒滤波器 $F_i(i=x,y,z,\phi,\theta,\psi)$ 会有充分大的频率带宽,且满足 $|F_i(s)|\approx 1$。

对于高度和偏航通道,设计的鲁棒补偿控制器输入为

$$u_i^{\mathrm{RC}}(s)=-F_i(s)q_i(s),\quad i=z,\psi \tag{6.10}$$

如果参数 $g_i(i=z,\psi)$ 充分大,则可以认为 u_i^{RC} 近似为 $-q_i$,因此高度通道和偏航通道的不确定性可以被抑制。对于滚转角和俯仰角,设计鲁棒补偿控制器输入为

$$\begin{aligned}u_\phi^{\mathrm{RC}}(s)&=-F_\phi(s)\left[q_\phi(s)-\frac{F_y(s)(s^2+k_\phi^d s+k_\phi^p)q_y(s)}{b_\phi^{\mathrm{N}}}\right]\\u_\theta^{\mathrm{RC}}(s)&=-F_\theta(s)\left[q_\theta(s)-\frac{F_x(s)(s^2+k_\theta^d s+k_\theta^p)q_x(s)}{b_\theta^{\mathrm{N}}}\right]\end{aligned} \tag{6.11}$$

然而,不确定项 $q_i(i=x,y,z,\phi,\theta,\psi)$ 不能直接测量得到,因而式(6.10)和式(6.11)中的鲁棒补偿控制输入无法直接实现。由式(6.2)可得到 q_z 的表达式如下:

$$q_z=\frac{\ddot{\xi}_z+g}{b_z^{\mathrm{N}}}-u_z \tag{6.12}$$

由式(6.10)和式(6.11),可得到鲁棒补偿控制器的输入 u_z^{RC} 可以通过式(6.13)实现:

$$\begin{aligned}\dot{z}_{z1}&=-g_z z_{z1}-g_z^2\xi_z+b_z^{\mathrm{N}}u_z-g\\\dot{z}_{z2}&=-g_z z_{z2}+2g_z\xi_z+z_{z1}\\u_z^{\mathrm{RC}}&=\frac{g_z^2(z_{z2}-\xi_z)}{b_z^{\mathrm{N}}}\end{aligned} \tag{6.13}$$

式中,z_{z1} 和 z_{z2} 为鲁棒补偿控制器的状态量。鲁棒补偿控制器输入 u_ϕ^{RC}、u_θ^{RC} 和 u_ψ^{RC} 可通过同样的方式实现。

鲁棒轨迹跟踪控制系统的结构如图 6.2 所示。从图 6.2 中可以看出,闭环控制系统由三个控制回路组成:第一个回路用来实现对标称系统期望角度跟踪的姿态回路;第二个回路用来实现对标称系统期望轨迹跟踪的位置回路;第三个回路用来抑制运动过程中受多种不确定性影响的鲁棒补偿回路。实际上,从整体控制律的表达式可看出所设计的控制器是解耦的。每个通道(高度通道、偏航通道、包括纵向位置和俯仰角的纵向通道、包括横向位置和滚转角的横向通道)

都有各自的鲁棒静态反馈控制器。此外,通过这种控制方法设计的线性时不变控制器,很容易在工程实践中实现。

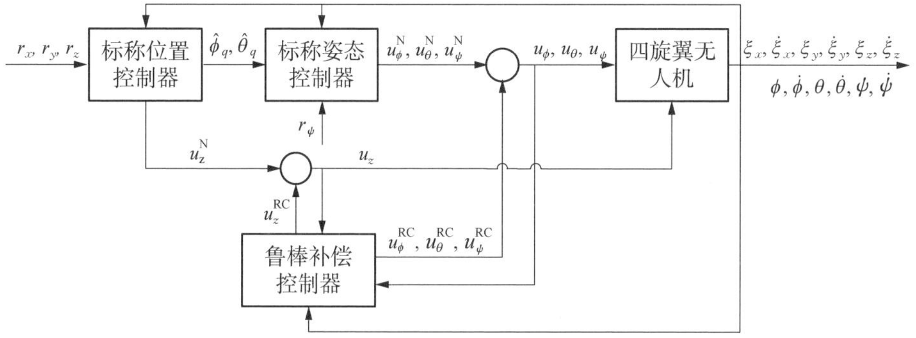

图 6.2 鲁棒轨迹跟踪控制系统结构

6.4 鲁棒性分析

在本节中,首先分析高度通道闭环系统的鲁棒跟踪性能:通过理论证明可得到,高度通道中的所有状态都是有界的,并且跟踪误差可以收敛到以原点为中心的邻域内。然后基于对高度通道的分析,证明其余通道的鲁棒性:误差系统和控制器的状态是有界的;纵向位置、横向位置以及偏航角的跟踪误差会在有限时间内收敛到以原点为中心的邻域内。

1) 高度通道的鲁棒性

定义高度通道误差矢量为 $\boldsymbol{e}_z = [e_{z1} \quad e_{z2}]^{\mathrm{T}}$,其中 $e_{z2} = \dot{e}_{z1}$。令

$$\boldsymbol{A}_{z\mathrm{H}} = \begin{bmatrix} 0 & 1 \\ -k_z^p & -k_z^d \end{bmatrix}, \quad \boldsymbol{B}_z = \begin{bmatrix} 0 \\ b_z^{\mathrm{N}} \end{bmatrix}$$

式中,k_{z1} 和 k_{z2} 是使 $\boldsymbol{A}_{z\mathrm{H}}$ 满足赫尔维茨矩阵的正数。由式(6.9)有

$$\dot{\boldsymbol{e}}_z = \boldsymbol{A}_{z\mathrm{H}} \boldsymbol{e}_z + \boldsymbol{B}_z (u_z^{\mathrm{RC}} + q_z) \tag{6.14}$$

定义:

$$\gamma_z = \| (s\boldsymbol{I}_{2\times2} - \boldsymbol{A}_{z\mathrm{H}})^{-1} \boldsymbol{B}_z [1 - F_z(s)] \|_1$$

$$\lambda_{ez(0)} = \| \mathrm{e}^{\boldsymbol{A}_{z\mathrm{H}} t} \boldsymbol{e}_z(0) \|_\infty$$

式中,$\boldsymbol{I}_{n\times n}$ 为 $n \times n$ 的单位矩阵。由式(6.10)和式(6.14),可得:

$$\|\boldsymbol{e}_z\|_\infty \leqslant \lambda_{ez(0)} + \gamma_z \|q_z\|_\infty \tag{6.15}$$

定理 6.1：高度通道的闭环控制系统有如下性能：对于一个给定的正数 ε_z 和给定有界初始值 $\boldsymbol{e}_z(0)$，存在正数 T_z^* 和充分大的 g_z，使得 $|\boldsymbol{e}_z(t)| \leqslant \varepsilon_z, \forall t \geqslant T_z^*$。

证明：由式(6.3)，可得：

$$\|q_z\|_\infty \leqslant \sigma_z \|u_z\|_\infty + \zeta_{qzc} \tag{6.16}$$

式中，ζ_{qzc} 为一个正常数且满足 $\zeta_{qzc} \geqslant |w_z|$。由式(6.6)和式(6.10)，存在正常数 ζ_{uze} 和 ζ_{uzc} 使得：

$$\|u_z\|_\infty \leqslant \zeta_{uze} \|\boldsymbol{e}_z\|_\infty + \|q_z\|_\infty + \zeta_{uzc} \tag{6.17}$$

因此，将式(6.17)代入式(6.16)中，存在正常数 ζ_{ez} 和 ζ_{cz} 使得：

$$\|q_z\|_\infty \leqslant \zeta_{ez} \|\boldsymbol{e}_z\|_\infty + \zeta_{cz} \tag{6.18}$$

如果鲁棒补偿控制器参数 g_z 充分大，则基于文献[92]可得到 γ_z 充分小，于是结合式(6.15)和式(6.18)，可得：

$$\|q_z\|_\infty \leqslant \frac{\zeta_{ez}\lambda_{ez(0)} + \zeta_{cz}}{1 - \zeta_{ez}\gamma_z} \tag{6.19}$$

和

$$\|\boldsymbol{e}_z\|_\infty \leqslant \frac{\lambda_{ez(0)} + \zeta_{cz}\gamma_z}{1 - \zeta_{ez}\gamma_z} \tag{6.20}$$

如果 γ_z 充分小，则可以看出 q_z、$\boldsymbol{e}_z$ 和 u_z 是有界的，界限与 g_z 相关。因此，存在正数 η_{qz}、η_{ez} 和 η_{uz} 使得：

$$\begin{aligned} \|q_z\|_\infty &\leqslant \eta_{qz} \\ \|\boldsymbol{e}_z\|_\infty &\leqslant \eta_{ez} \\ \|u_z\|_\infty &\leqslant \eta_{uz} \end{aligned} \tag{6.21}$$

由式(6.10)、式(6.14)和式(6.21)可得：

$$\max_j |\boldsymbol{e}_{zj}(t)| \leqslant \max_j |\boldsymbol{c}_{nj}^{\mathrm{T}} \boldsymbol{e}^{\boldsymbol{A}_{z\mathrm{H}}t} \boldsymbol{e}_z(0)| + \gamma_z \eta_{qz} \tag{6.22}$$

式中，$\boldsymbol{c}_{nj}$ 为一个 $n \times 1$ 矩阵，第 j 行元素为 1，其余元素都为 0。从上述分析可看到，对于一个给定正数 ε_z 和给定初始值，存在正常数 T_z^* 和一个充分大的正

鲁棒补偿控制器参数 g_z，使得高度通道跟踪误差满足 $|\boldsymbol{e}_z(t)| \leqslant \varepsilon_z, \forall t \geqslant T_z^*$。

实际上，由式(6.13)和式(6.21)可看出鲁棒补偿控制器的状态 z_{z1} 和 z_{z2} 是有界的，其界取决于 g_z。因此，存在正常数 η_{zz1} 和 η_{zz2} 使得：

$$
\begin{aligned}
\|z_{z1}\|_\infty &\leqslant \eta_{zz1} \\
\|z_{z2}\|_\infty &\leqslant \eta_{zz2}
\end{aligned} \tag{6.23}
$$

如果鲁棒补偿控制器参数 g_z 充分大，则高度位置跟踪误差会收敛到以原点为中心的给定邻域内。因此，在分析其他通道的鲁棒跟踪特性之前 g_z 的值就可确定下来。

2）偏航角、纵向和横向通道的鲁棒性

引理 6.1：如果定理 6.1 成立，则存在正常数 η_{uz}、η_{uz2}、$\eta_{uz3\phi}$、$\eta_{uz3\theta}$ 和 η_{uz3c}，使得控制输入 u_z 满足：

$$
\begin{aligned}
&\|\dot{u}_z\|_\infty \leqslant \eta_{uz1} \\
&\|\ddot{u}_z\|_\infty \leqslant \eta_{uz2\phi}\|\dot{\phi}\|_\infty + \eta_{uz2\theta}\|\dot{\theta}\|_\infty + \eta_{uz2c}
\end{aligned}
$$

定义 $\boldsymbol{e} = [\boldsymbol{e}_x^{\mathrm{T}} \quad \boldsymbol{e}_y^{\mathrm{T}} \quad \boldsymbol{e}_{\phi q}^{\mathrm{T}} \quad \boldsymbol{e}_{\theta q}^{\mathrm{T}} \quad \boldsymbol{e}_{\psi}^{\mathrm{T}}]^{\mathrm{T}}$，其中 $\boldsymbol{e}_i = [e_{i1} \quad e_{i2}]^{\mathrm{T}} (i = x, y, \phi q, \theta q, \psi)$ 和 $e_{i2} = \dot{e}_{i1}$。由式(6.9)有

$$
\dot{\boldsymbol{e}} = \boldsymbol{A}_{\mathrm{H}}\boldsymbol{e} + \boldsymbol{B}\boldsymbol{u}_q \tag{6.24}
$$

式中，

$$
\begin{aligned}
\boldsymbol{u}_q &= [0 \quad 0 \quad u_\phi^{\mathrm{RC}} + q_{\phi y} \quad u_\theta^{\mathrm{RC}} + q_{\theta x} \quad u_\psi^{\mathrm{RC}} + q_\psi]^{\mathrm{T}} \\
\boldsymbol{B} &= \mathrm{diag}(\boldsymbol{B}_x, \boldsymbol{B}_y, \boldsymbol{B}_\phi, \boldsymbol{B}_\theta, \boldsymbol{B}_\psi) \\
\boldsymbol{A}_{\mathrm{H}} &= \mathrm{diag}(\boldsymbol{A}_{x\mathrm{H}}, \boldsymbol{A}_{y\mathrm{H}}, \boldsymbol{A}_{\phi\mathrm{H}}, \boldsymbol{A}_{\theta\mathrm{H}}, \boldsymbol{A}_{\psi\mathrm{H}}) + \boldsymbol{A}_{\mathrm{H}xy}
\end{aligned}
$$

$\boldsymbol{B}_i = [0 \quad 0]^{\mathrm{T}} (i = x, y)$，$\boldsymbol{B}_k = [0 \quad b_k^{\mathrm{N}}]^{\mathrm{T}} (k = \phi, \theta, \psi)$，$\boldsymbol{A}_{\mathrm{H}xy}$ 是一个 10×10 矩阵，其中第 2 行第 7 列为 b_x^{N}，第 4 行第 5 列为 $-b_y^{\mathrm{N}}$，其余元素为 0。

$$
\boldsymbol{A}_{j\mathrm{H}} = \begin{bmatrix} 0 & 1 \\ -k_j^p & -k_j^d \end{bmatrix}, \quad j = x, y, \phi, \theta, \psi
$$

参数 k_j^p 和 $k_j^d (j = x, y, \phi, \theta, \psi)$ 的选取需要使 $\boldsymbol{A}_{\mathrm{H}}$ 为赫尔维茨矩阵，由式(6.10)、式(6.11)和式(6.24)，可得：

$$\|\boldsymbol{e}\|_{\infty} \leqslant \lambda_{e(0)} + \gamma_a \|\boldsymbol{q}_a\|_{\infty} + \gamma_{xy} \|\boldsymbol{q}_{xy}\|_{\infty} \tag{6.25}$$

式中，$\boldsymbol{q}_{xy} = \left[\dfrac{\ddot{q}_y + k_\phi^d \dot{q}_y + k_\phi^p q_y}{b_\phi^{\mathrm{N}}} \quad \dfrac{\ddot{q}_x + k_\theta^d \dot{q}_x + k_\theta^p q_x}{b_\theta^{\mathrm{N}}}\right]^{\mathrm{T}}$；$\boldsymbol{q}_a = [q_\phi \quad q_\theta \quad q_\psi]^{\mathrm{T}}$；$\lambda_{e(0)} = \|\boldsymbol{e}^{\boldsymbol{A}_{\mathrm{H}} t} \boldsymbol{e}(0)\|_{\infty}$；$\gamma_a = \|(s\boldsymbol{I}_{10\times 10} - \boldsymbol{A}_{\mathrm{H}})^{-1} \boldsymbol{B}\boldsymbol{F}_a\|_1$；$\gamma_{xy} = \|(s\boldsymbol{I}_{10\times 10} - \boldsymbol{A}_{\mathrm{H}})^{-1} \boldsymbol{B}\boldsymbol{F}_{xy}\|_1$，其中，$\boldsymbol{F}_a = \mathrm{diag}(0,\ 0,\ 1-F_\phi,\ 1-F_\theta,\ 1-F_\psi)$，$\boldsymbol{F}_{xy} = \mathrm{diag}(0,\ 0,\ 1-F_\phi F_y,\ 1-F_\theta F_x,\ 0)$。

引理 6.2：如果引理 6.1 成立，则存在正常数 η_{ae2}、η_{ae}、η_{ac}、η_{xye2}、η_{xye} 和 η_{xyc}，使得 $\boldsymbol{q}_a$ 和 $\boldsymbol{q}_{xy}$ 满足：

$$\|\boldsymbol{q}_a\|_{\infty} \leqslant \eta_{ae2} \|\boldsymbol{e}\|_{\infty}^2 + \eta_{ae} \|\boldsymbol{e}\|_{\infty} + \eta_{ac}$$
$$\|\boldsymbol{q}_{xy}\|_{\infty} \leqslant \eta_{xye2} \|\boldsymbol{e}\|_{\infty}^2 + \eta_{xye} \|\boldsymbol{e}\|_{\infty} + \eta_{xyc}$$

定理 6.2：如果引理 6.2 成立，则偏航、纵向和横向通道的闭环控制系统会有如下性能：对于一个给定的正常数 ε 和给定的有界初始状态 $\boldsymbol{e}(0)$，存在充分大的正数 $g_i(i = x,\ y,\ \theta,\ \phi,\ \psi)$ 和 T^*，使得 $|\boldsymbol{e}(t)| \leqslant \varepsilon$，$\forall t \geqslant T^*$。

证明：由引理 6.2 和式(6.25)，可得：

$$\gamma_a \|\boldsymbol{q}_a\|_{\infty} + \gamma_{xy} \|\boldsymbol{q}_{xy}\|_{\infty} \leqslant \gamma_{\max} (\eta_{e2} \|\boldsymbol{e}\|_{\infty}^2 + \eta_e \|\boldsymbol{e}\|_{\infty} + \eta_c) \tag{6.26}$$

式中，$\gamma_{\max} = \max\{\gamma_a,\ \gamma_{xy}\}$；$\eta_{e2} = \eta_{ae2} + \eta_{xye2}$；$\eta_e = \eta_{ae} + \eta_{xye}$；$\eta_c = \eta_{ac} + \eta_{xyc}$。如果 $g_i(i = x,\ y,\ \theta,\ \phi,\ \psi)$ 充分大，那么 γ_a 和 γ_{xy} 可充分小。如果 $\gamma_{\max}$ 充分小，且满足：

$$(\eta_e + \eta_{e2} \|\boldsymbol{e}\|_{\infty})(\sqrt{\gamma_{\max}} + \gamma_{\max}) \leqslant 1 \tag{6.27}$$

则可得：

$$\|\boldsymbol{e}\|_{\infty} \leqslant \lambda_{e(0)} + \sqrt{\gamma_{\max}}\, \eta_q \tag{6.28}$$

式中，η_q 为一个正数，且满足 $\eta_q \geqslant \lambda_{e(0)} + \sqrt{\gamma_{\max}}\, \eta_c + \gamma_{\max} \eta_c$。由式(6.27)可得到 $\boldsymbol{e}$ 的吸引域为

$$\left\{\boldsymbol{e}: \|\boldsymbol{e}\|_{\infty} \leqslant \frac{\eta_{e2}^{-1}}{\sqrt{\gamma_{\max}} + \gamma_{\max}} - \eta_{e2}^{-1} \eta_e\right\} \tag{6.29}$$

如果 $\boldsymbol{e}$ 从这个吸引域出发且

$$\lambda_{e(0)} + \sqrt{\gamma_{\max}}\, \eta_q \leqslant \frac{\eta_{e2}^{-1}}{\sqrt{\gamma_{\max}} + \gamma_{\max}} - \eta_{e2}^{-1} \eta_e \tag{6.30}$$

则 $\boldsymbol{e}$ 仍然在吸引域内。因此，对于给定 $\boldsymbol{e}(0)$，如果选取的 $\gamma_{\max}$ 充分小，则式(6.30)成立。此时如果

$$\|\boldsymbol{e}(0)\|_{\infty} < \frac{\eta_{e2}^{-1}}{\sqrt{\gamma_{\max}} + \gamma_{\max}} - \eta_{e2}^{-1}\eta_{e} \tag{6.31}$$

则可得到式(6.29)。由式(6.24)、式(6.26)和式(6.27)，可得：

$$\max_{j}|\boldsymbol{e}_j(t)| \leqslant \max_{j}|\boldsymbol{c}_{10j}^{\mathrm{T}}\boldsymbol{e}^{\boldsymbol{A}_{\mathrm{H}}t}\boldsymbol{e}(0)| + \sqrt{\gamma_{\max}}\,\eta_q$$

对于一个给定的正数 ε 和给定初始条件 $\boldsymbol{e}(0)$，可得到正数 T^* 和充分大的正的鲁棒补偿控制器参数 $g_i(i=x, y, z, \theta, f, \psi)$，使得 $|\boldsymbol{e}(t)| \leqslant \varepsilon, \forall t \geqslant T^*$。因此，鲁棒补偿控制器、滚转角和俯仰角的所有状态都是有界的。

在实际应用中，鲁棒补偿控制器参数 $g_i(i=x, y, z, \theta, f, \psi)$ 不需要选得太大，可通过在线方式单向整定：设置正的初始值并运行整个闭环控制系统，如果闭环控制系统的跟踪性能不能满足设计要求，则增大 $g_i(i=x, y, z, \theta, f, \psi)$，直到达到预期的跟踪性能为止。

6.5 实验结果

本节中使用的实验平台是由 GPS 模块、IMU 模块、照相机、声呐传感器，以及一个 DSP 控制器组成。该 DSP 为 TMS320F28335，被用作机载飞行控制计算机，以实现数据融合算法和控制律。两个 Zigbee 无线模块用于 TAQS 和地面站之间的通信。TAQS 的硬件配置如图 2.5 所示。飞行器标称参数如表 6.1 所示，所设计的控制器参数如表 6.2 所示。

表 6.1　TAQS 标称参数

参数	值	参数	值	参数	值
b_x^{N}	9.81	b_y^{N}	9.81	b_z^{N}	1
b_ϕ^{N}	9.2	b_θ^{N}	9.7	b_ψ^{N}	15.99

表 6.2　TAQS 控制器参数

参数	数值	参数	数值	参数	数值
k_x^p	0.05	k_y^p	0.05	k_z^p	2.5

（续表）

参数	数值	参数	数值	参数	数值
k_ϕ^p	6	k_θ^p	6	k_ψ^p	20
k_x^d	0.3	k_y^d	0.3	k_z^d	45
k_ϕ^d	2	k_θ^d	5	k_ψ^d	4
g_x	0.5	g_y	0.5	g_z	0.5
g_θ	1	g_ϕ	1	g_ψ	1

1）**实验 6.1**：圆周轨迹跟踪实验

首先四旋翼无人机在水平面内做以 1 m 为半径的圆周运动。高度需要跟踪参考信号 $r_z=\dfrac{\bar{\omega}_z}{(T_z s+1)^2}$，其中 $\bar{\omega}_z$ 是周期性方波输入，$T_z=1.33$。偏航角设定在 0°。此时，为了验证所提出的三回路控制方法在多种不确定性影响下的有效性，三个位置需要分别跟踪不同相位的期望参考信号。位置响应和姿态角响应如图 6.3 和图 6.4 所示，控制输入如图 6.5 所示。

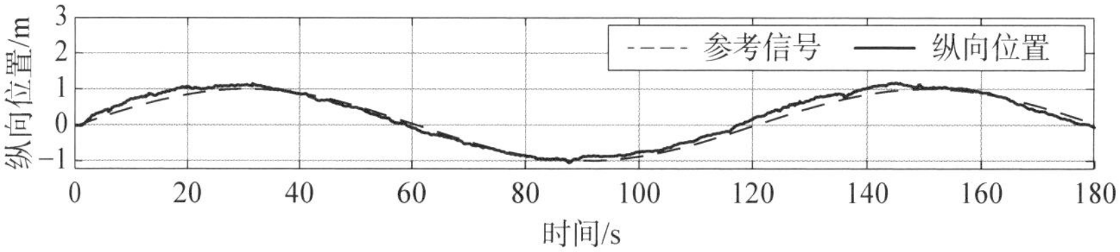

（a）纵向响应

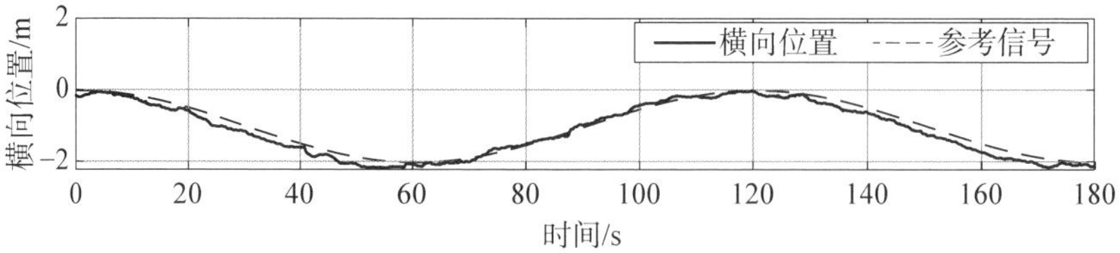

（b）横向响应

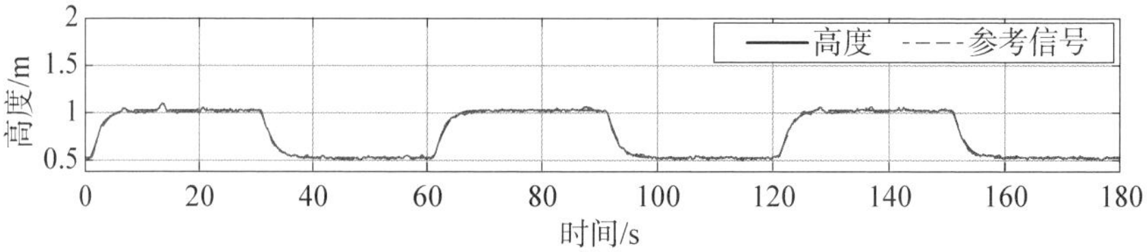

（c）高度响应（两条曲线基本重合）

图 6.3 鲁棒补偿回路作用下的位置响应（实验 6.1）

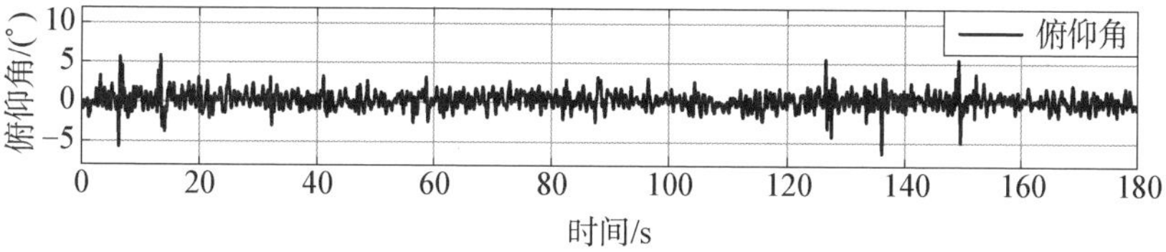

（a）俯仰响应

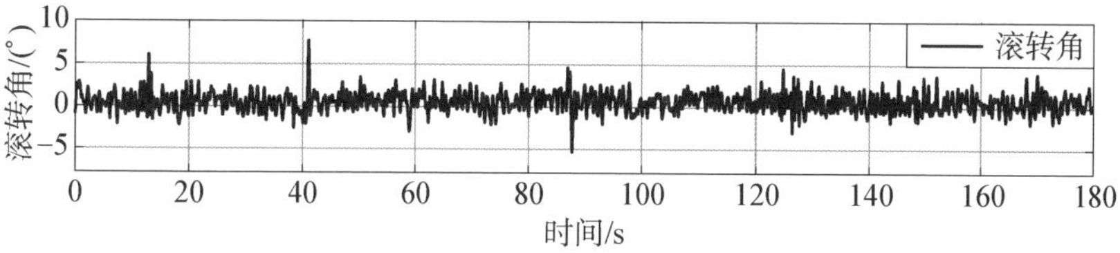

（b）滚转响应

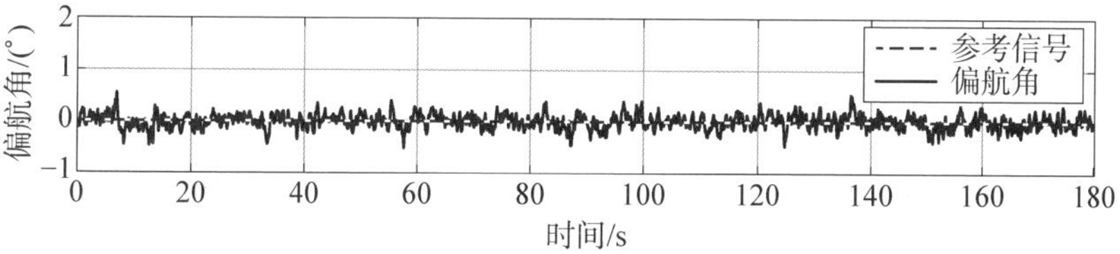

（c）偏航响应

图 6.4　鲁棒补偿回路作用下的姿态角响应(实验 6.1)

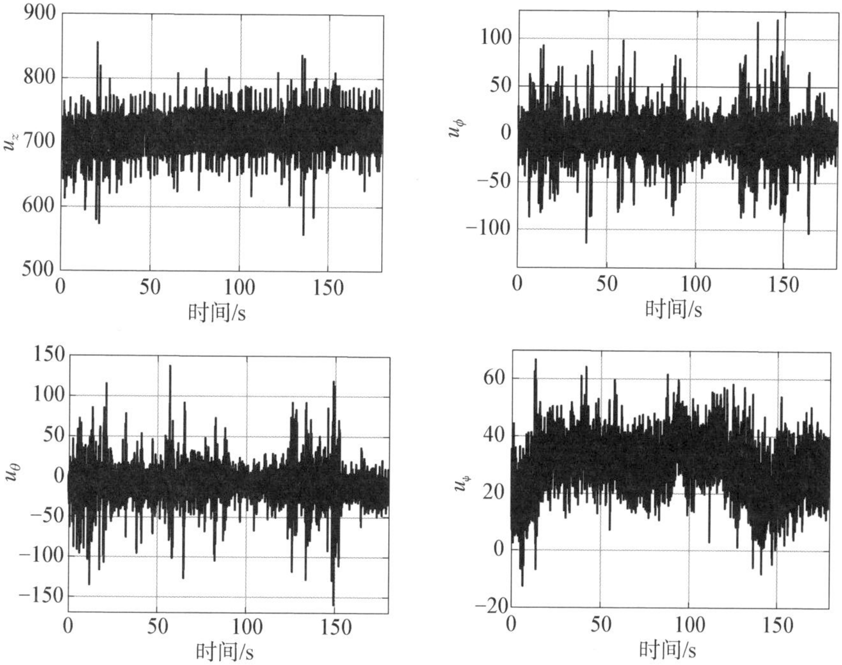

图 6.5　鲁棒补偿回路作用下的控制输入(实验 6.1)

作为对比，引入文献中设计的一个标准 H_∞ 状态反馈控制器：考虑如下性能输出 $z_i(i=x,\ y,\ z,\ \phi,\ \theta,\ \psi)$，$z_i=C_{ei}e_i+C_{ui}u_i$，其中

$$C_{ei}=\begin{bmatrix} c_{1i} & 0 \\ 0 & c_{2i} \\ 0 & 0 \end{bmatrix},\ C_{ui}=\begin{bmatrix} 0 \\ 0 \\ \sqrt{c_{3i}} \end{bmatrix}$$

选择如下加权参数：$c_{1x}=0.4$，$c_{2x}=19$，$c_{3x}=10^4$，$c_{1y}=0.4$，$c_{2y}=19$，$c_{3y}=10^4$，$c_{1z}=0.1$，$c_{2z}=15$，$c_{3z}=0.2$，$c_{1\phi}=3.7$，$c_{2\phi}=0.2$，$c_{3\phi}=0.4$，$c_{1\theta}=3.7$，$c_{2\theta}=0.2$，$c_{3\theta}=0.4$，$c_{1\psi}=20$，$c_{2\psi}=3.5$ 和 $c_{3\psi}=1$。每个通道的衰减因子 $\gamma_i(i=x,\ y,\ z,\ \phi,\ \theta,\ \psi)$ 设置为 20。标准 H_∞ 控制的位置响应如图 6.6 所示。

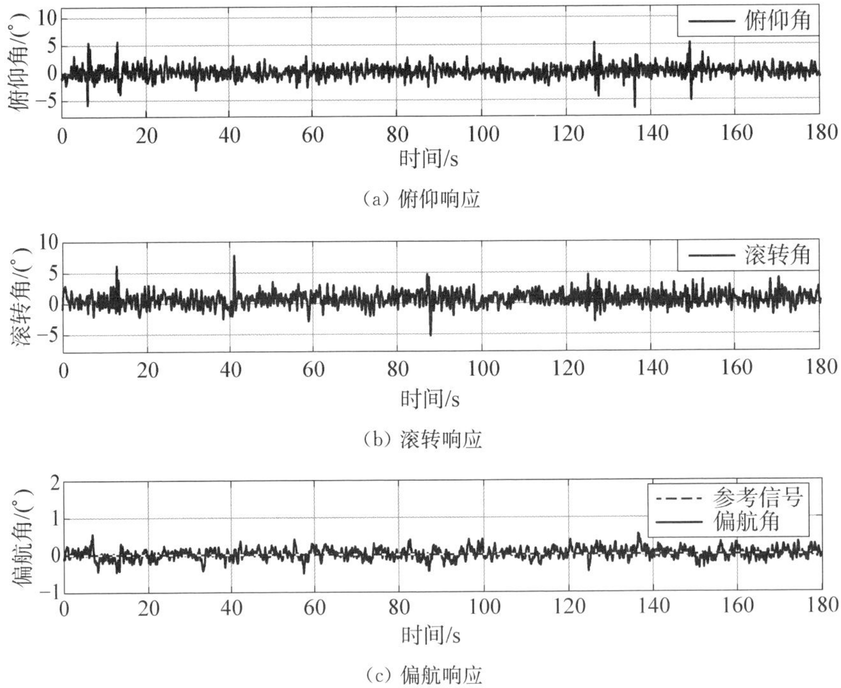

图 6.6 标准 H_∞ 控制的位置响应(实验 6.1)

作为对比，没有鲁棒补偿的位置响应、姿态角响应和控制器输入分别如图 6.7、图 6.8、图 6.9 所示。可以看到，通过引入鲁棒补偿回路，闭环系统的跟踪性能得到了改善。高度和偏航角的跟踪误差也稍有改善，原因在于高度和偏航通道的非线性模型[式(6.1)]相对比较简单。纵向和横向的跟踪性能有很大

改善的原因有两点：其一，俯仰和滚转运动会产生纵向和横向运动，因此相关通道的模型包括横向和纵向的不确定性；其二，四旋翼无人机的实验平台不是对称的。在实际应用中执行不同任务的四旋翼无人机有着不同的载荷配置，因此四旋翼无人机很难做到对称。

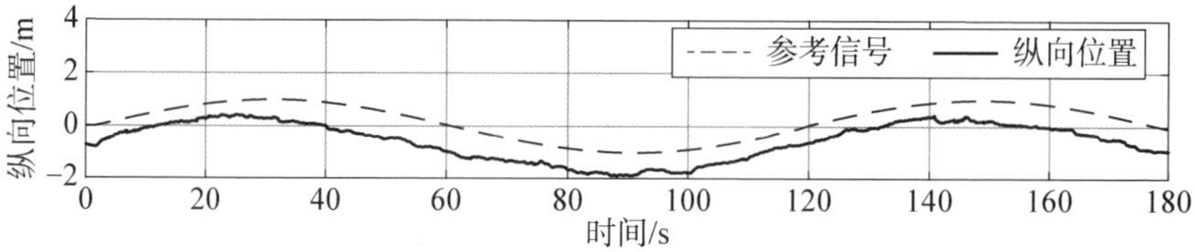

(a) 纵向响应

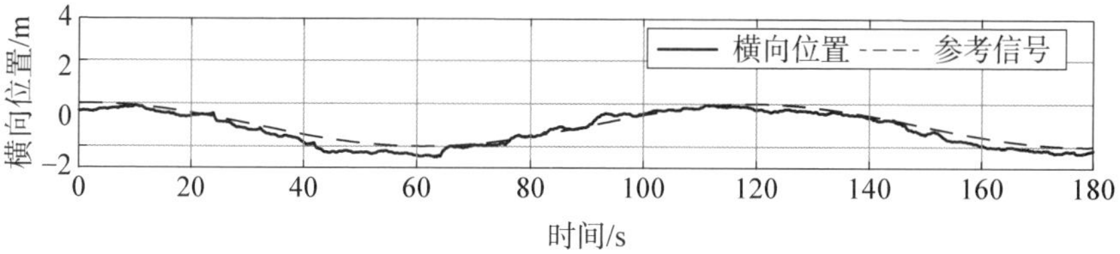

(b) 横向响应

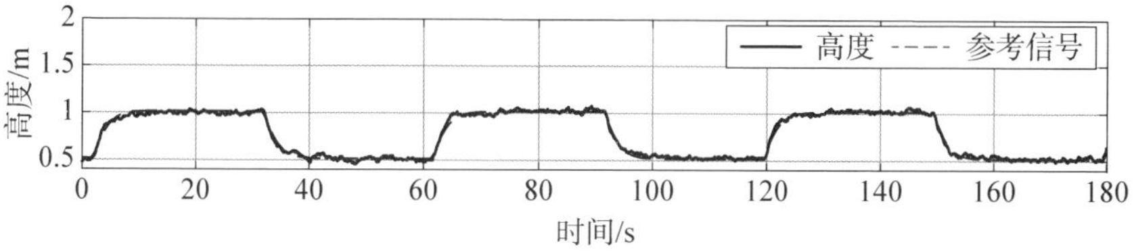

(c) 高度响应(两条曲线基本重合)

图 6.7　无鲁棒补偿回路作用的位置响应(实验 6.1)

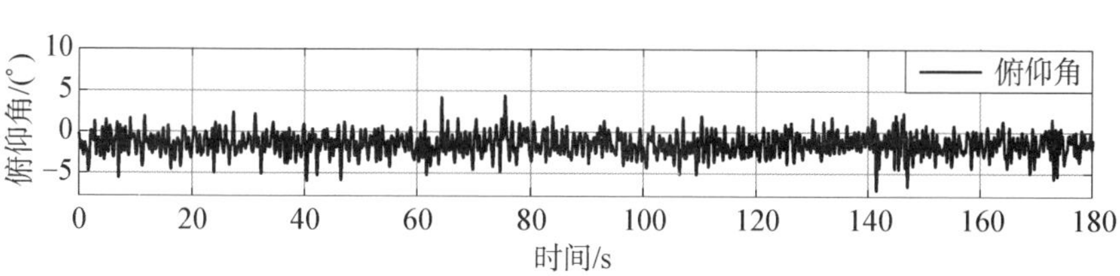

(a) 俯仰响应

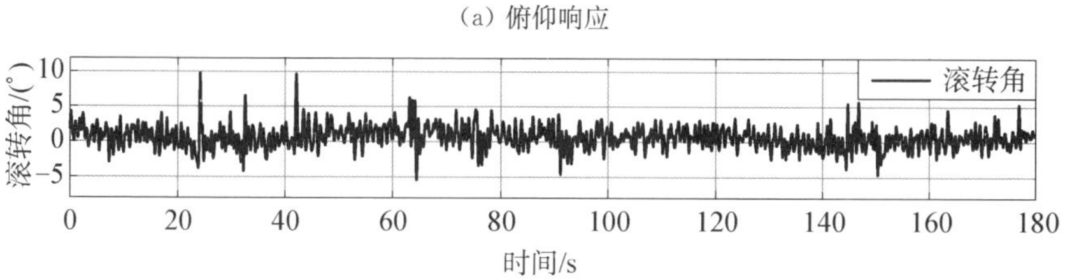

(b) 滚转响应

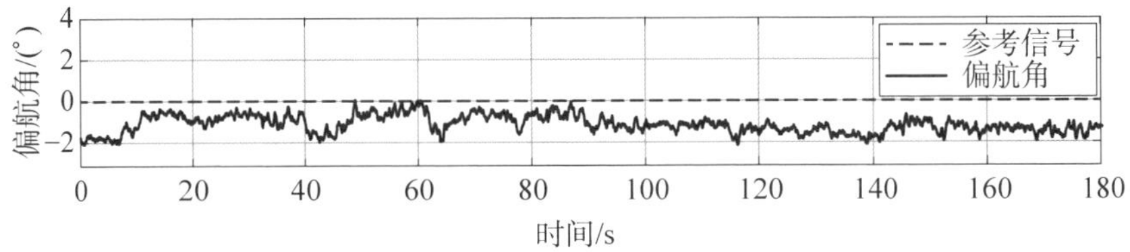

(c) 偏航响应

图 6.8　无鲁棒补偿回路作用的姿态角响应(实验 6.1)

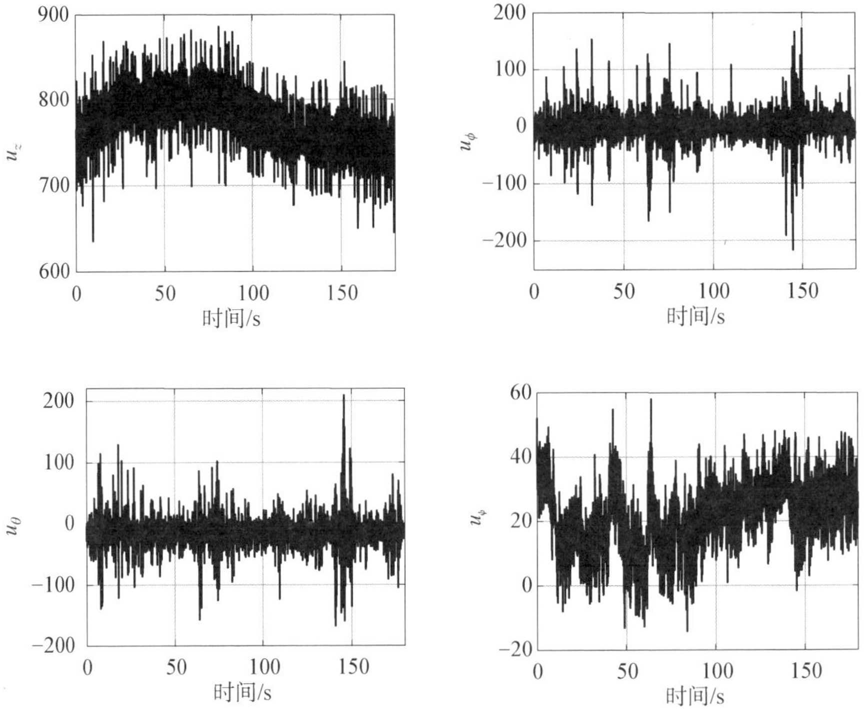

图 6.9　无鲁棒补偿回路作用的控制输入(实验 6.1)

2）**实验 6.2**:起降实验

在本实验中,四旋翼无人机的任务是自主起飞和降落,同时绕边长为 2 m 的正方形运动。纵向和横向的参考信号 $r_i=\dfrac{\bar{\omega}_i}{(T_i s+1)^2}(i=x,\ y)$,其中 $\bar{\omega}_i(i=x,\ y)$ 为周期性方波输入指令,满足 $T_i=2(i=x,\ y)$。 高度和偏航参考信号与实验 6.1 一样。三个方向的位置 ξ_x、ξ_y、ξ_z 和姿态角 ψ、θ、ϕ 的响应如图 6.10 和图 6.11 所示,控制输入响应如图 6.12 所示。尽管存在多种不确定性影响,所设计的控制器仍可以很好地实现对参考信号的跟踪。

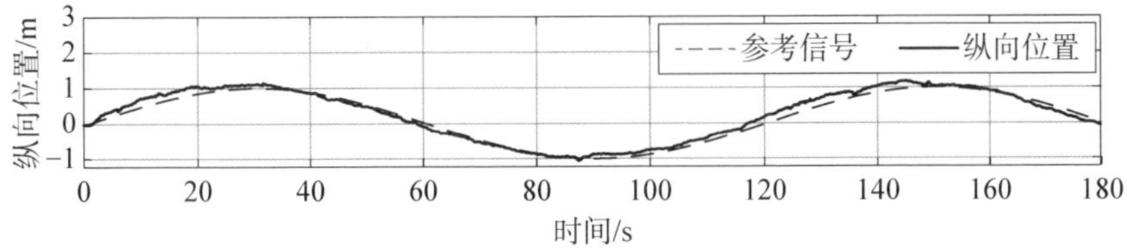

(a) 纵向响应

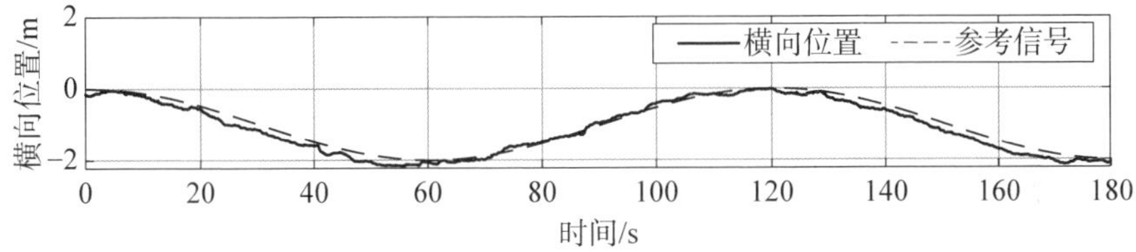

(b) 横向响应

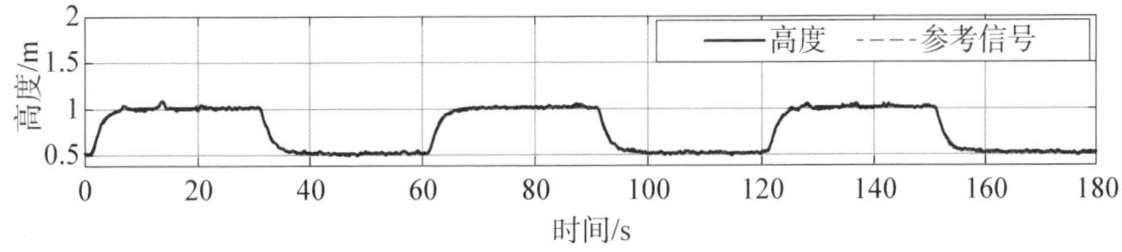

(c) 高度响应(两条曲线基本重合)

图 6.10　无鲁棒补偿回路作用的位置响应(实验 6.2)

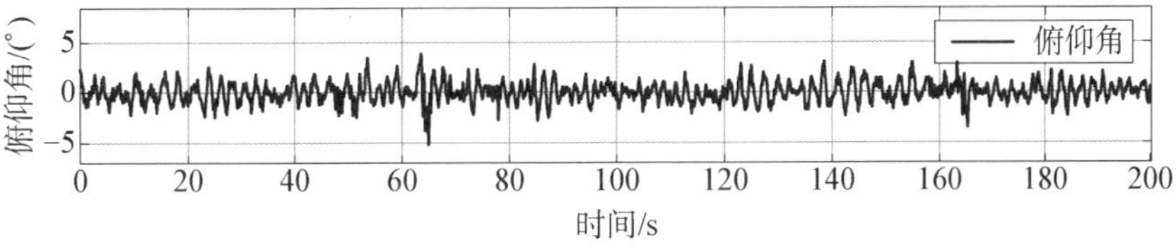

(a) 俯仰响应

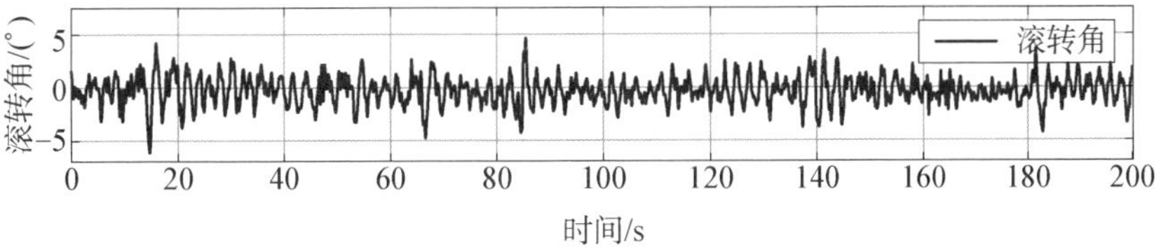

(b) 滚转响应

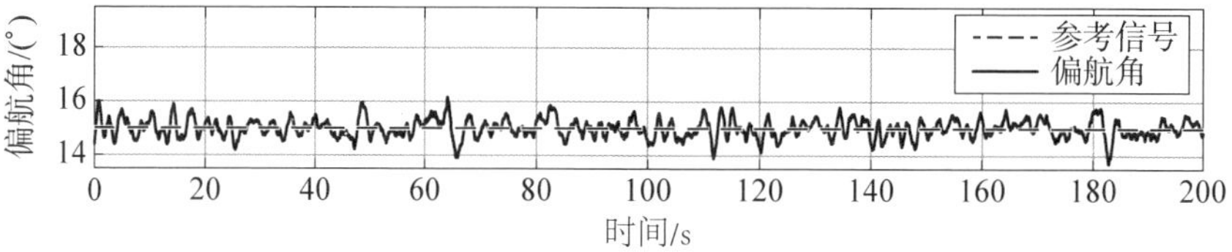

(c) 偏航响应

图 6.11　无鲁棒补偿回路作用的姿态角响应(实验 6.2)

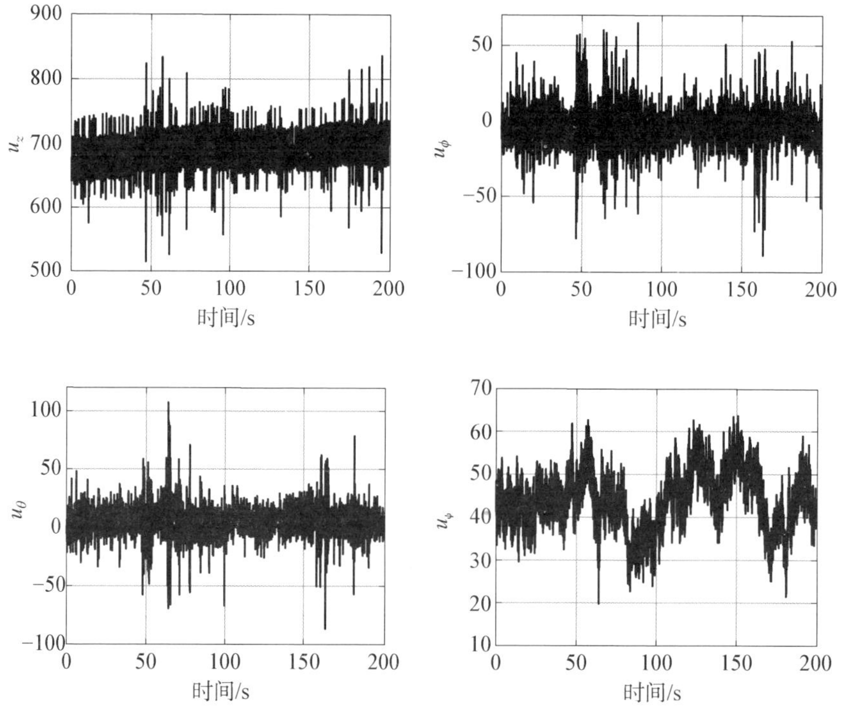

图 6.12　无鲁棒补偿回路作用的控制输入(实验 6.2)

6.6　本章小结

本章针对多种不确定性的四旋翼无人机设计了鲁棒轨迹跟踪控制器，所设计的无人机闭环控制系统包括三个控制回路：控制姿态角的姿态回路、控制四旋翼无人机平动的位置回路、抑制平动和转动过程中不确定性影响的鲁棒补偿回路。四旋翼无人机模型可包含参数不确定性、非线性、耦合性和外界干扰等不确定性。本章最后通过理论证明了所有状态都是有界的，同时位置和偏航角的跟踪误差在有限时间内可以收敛到所给定的原点邻域内。

第 7 章　时滞和不确定性影响下的四旋翼鲁棒控制

7.1　引言

如文献[103]所示，目前旋翼无人机已经广泛应用于军用和民用方面。然而，由于四旋翼无人机系统动态包含参数不确定性、非线性动态、外界扰动以及状态和输入延时，因此四旋翼无人机的控制器设计很有挑战性。文献[104－106]通过设计线性或非线性控制器来实现四旋翼的理想跟踪控制。但是，这些控制器都是基于非线性模型设计的，并没有进一步分析不确定性对闭环控制系统的影响。为应对四旋翼无人机模型中的参数不确定性和非线性动态，文献[93]采用了自适应控制方法来实现四旋翼无人机的多种飞行控制任务。但是，文献[93]在进行控制器设计时并没有充分讨论外部时变扰动对闭环控制系统的影响，并且自适应控制方法不能保证所设计闭环控制系统的动态跟踪性能。

文献[107]将外界大气扰动所形成的干扰视为一个附加干扰，并设计了一种切换模型预测控制器来抑制其对跟踪性能的影响。文献[108]基于近似反馈线性化和混合的 H_2/H_∞ 性能分析技术，设计了一个闭环控制系统，实现了飞行器在外界大气干扰条件下的稳定飞行。文献[109]基于 H_∞ 理论，设计了一种鲁棒干扰观测器，以保证姿态跟踪性能和鲁棒性。文献[94]研究了一种非线性控制结构，以实现控制系统在外部扰动和参数不确定性条件下的鲁棒性。然而，在全频率范围内，标准 H_∞ 控制策略不能达到期望的性能，即不确定性对飞行器控制系统的影响不能被完全抑制。此外，滑模控制方法也是一种常用的鲁棒控制策略。文献[110]结合反馈线性化技术设计了基于符号函数的非线性控制器，采用滑模观测器来估计外部干扰的影响。文献[111]针对一类欠驱动四旋翼系统，提出了一种非光滑的滑模控制方法。文献[112]采用滑模控制技术对姿态环中的不匹配非线性干扰进行补偿，并对位置环中的参数不确定性进行抑制。但是，文献[112]在稳定性分析中没有进一步讨论其他不确定性对整个闭环控制系统的影响。

此外，四旋翼无人机控制系统会受到时滞的影响。文献[113]和文献[114]基于预测控制方法设计了飞行控制器，实现了飞行器位置控制和偏航控制的期望性能，但并没有进一步讨论所设计的闭环控制系统的不确定性抑制问题。文献[114]针对四旋翼无人机线性系统中的不确定性，构造了李雅普诺夫-克拉索夫斯基(Lyapunovo-Krasvokii)函数，并依此设计了基于线性矩阵不等式的鲁棒控制器。然而，在四旋翼无人机控制器的设计过程中，如何抑制四旋翼闭环控制系统的参数摄动、非线性和耦合性、外部干扰以及状态和输入时变延迟的影响仍然具有挑战性。

本章设计了一种同时考虑时滞和不确定性的四旋翼无人机鲁棒飞行控制器。该鲁棒控制器由位置控制器和姿态控制器组成：设计的位置控制器用来实现高度通道的位置跟踪，并基于纵向和横向位置信息生成滚转角和俯仰角所需的参考信号；设计的姿态控制器用于实现对三个姿态角的期望跟踪。本章的研究结果具有如下优点：首先，所设计的控制器可以抑制参数摄动、非线性动态以及姿态和位置回路中存在的外部干扰的影响；其次，可以抑制时变状态和输入延时对闭环控制系统的影响；再次，通过理论证明了在多种不确定性和多种时延的影响下，位置和姿态跟踪误差可在有限的时间内收敛到原点的给定邻域内；最后，给出了一种在线单向整定的方法来确定控制器参数，并且所设计的控制器是时不变的，易于工程实现。

在本章中，$\boldsymbol{I}_{n\times n}$ 表示 $n\times n$ 维单位矩阵，$\boldsymbol{0}_{n\times m}$ 表示 $n\times m$ 维 0 元素阵。$\boldsymbol{c}_{nj}$ 表示 $n\times 1$ 维矢量，该矢量的第 j 个元素是 1，其他元素是 0。定义范数 $\|\boldsymbol{x}\|=\sqrt{x_1^2+\cdots+x_n^2}$ 和 $\|\boldsymbol{y}\|_\infty=\sup\limits_{t\geqslant t_0}\|\boldsymbol{y}(t)\|$。

如图 7.1 所示，旋翼 1 和旋翼 3 顺时针旋转而旋翼 2 和旋翼 4 逆时针旋转。偏航运动通过一组旋翼(旋翼 1 和旋翼 3)和另一组旋翼(旋翼 2 和旋翼 4)产生的反扭矩差值而引起。通过改变升力 T_1 和 T_3(T_2 和 T_4)，产生俯仰运动(滚转运动)。俯仰运动和滚转运动分别影响纵向和横向运动。由四个旋翼产生的升力之和可引起垂向运动。

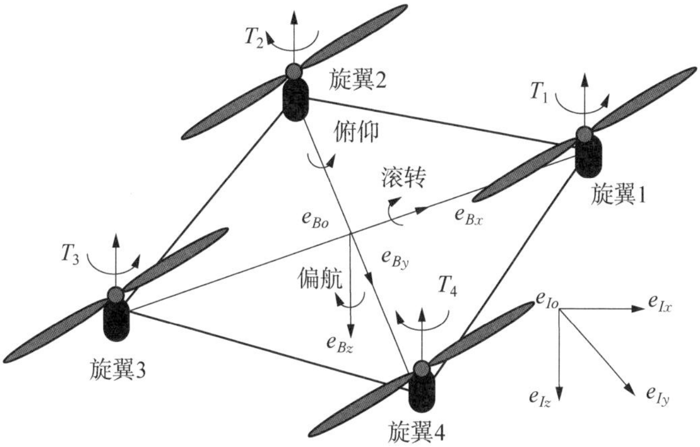

图 7.1　时滞下的四旋翼无人机系统图解

7.2　鲁棒运动控制器设计

7.2.1　四旋翼无人机六自由度非线性模型描述

令 $I=(e_{Io}, e_{Ix}, e_{Iy}, e_{Iz})$ 表示地面惯性坐标系，$B=(e_{Bo}, e_{Bx}, e_{By}, e_{Bz})$ 表示机体坐标系，且其原点 e_{Bo} 位于四旋翼的质心。$\boldsymbol{p}=[p_x\ p_y\ p_z]^{\mathrm{T}}$ 代表 e_{Bo} 在 I 中的位置矢量。$\boldsymbol{\Theta}=[\phi\ \theta\ \psi]^{\mathrm{T}}$ 代表三个欧拉角，即滚转角、俯仰角和偏航角。可通过如下旋转矩阵 $\boldsymbol{R}$［见式(2.1)］将 B 与给定的 I 联系起来。

可以推导出描述四旋翼平动和转动动力学的二阶方程如下：

$$\begin{aligned} m\ddot{\boldsymbol{p}} &= \boldsymbol{R}\boldsymbol{f}_B+\boldsymbol{\Delta}'_p \\ \boldsymbol{J}\ddot{\boldsymbol{\Theta}} &= \boldsymbol{c}(\boldsymbol{\Theta},\dot{\boldsymbol{\Theta}})\boldsymbol{\Theta}+\boldsymbol{\tau}_B+\boldsymbol{\Delta}'_{\Theta} \end{aligned} \tag{7.1}$$

式中，m 代表四旋翼无人机的质量；$\boldsymbol{J}$ 代表机体坐标系 B 下的惯性矩阵，是对称的正定矩阵；$\boldsymbol{c}(\boldsymbol{\Theta}, \dot{\boldsymbol{\Theta}})$ 表示科氏项；$\boldsymbol{\Delta}'_p$ 和 $\boldsymbol{\Delta}'_{\Theta}$ 表示等价干扰项，包括未建模的不确定性、参数不确定性、外部干扰以及状态和输入延时；$\boldsymbol{f}_B$ 和 $\boldsymbol{\tau}_B$ 表示施加在四旋翼上的力和力矩，具体可用下式表示：

$$\boldsymbol{f}_B=\begin{bmatrix}0\\0\\T\end{bmatrix}+\boldsymbol{R}^{\mathrm{T}}\begin{bmatrix}0\\0\\-mg\end{bmatrix}$$

和

$$\boldsymbol{\tau}_B=\begin{bmatrix}\tau_{bx}\\ \tau_{by}\\ \tau_{bz}\end{bmatrix}=\begin{bmatrix}l_{\mathrm{T}}(T_1-T_3)\\ l_{\mathrm{T}}(T_2-T_4)\\ k_\tau(T_1-T_2+T_3-T_4)\end{bmatrix}$$

式中，g 表示重力加速度常数；l_{T} 表示从旋翼桨叶到质心的距离；正常数 k_τ 表示力到力矩的比例因子；$T_i(i=1,2,3,4)$ 分别表示四个旋翼产生的升力，并且总升力 $T=T_1+T_2+T_3+T_4$。$T_i(i=1,2,3,4)$ 可通过 $T_i=k_\omega\omega_i^2$ 获得，其中 $\omega_i(i=1,2,3,4)$ 分别表示四个旋翼的旋转速度，k_ω 是一个正的比例因子。

注释 7.1:非线性模型[式(7.1)]不满足匹配条件，因为描述转动或平动的每个方程都包含不确定性。这些不确定性项 $\boldsymbol{\Delta}'_p$ 和 $\boldsymbol{\Delta}'_\Theta$ 不能简单地认为是输入的等效干扰。

7.2.2 控制问题描述

本章的控制目标是为系统设计鲁棒轨迹跟踪控制器，使转动和平动的所有状态都是有界的，并且系统控制输出 (p_x, p_y, p_z, ψ) 可分别跟踪参考信号 (r_x, r_y, r_z, r_ψ)。假设这些参考信号及其导数是分段一致有界的。令 r_ϕ 和 r_θ 分别表示期望的滚转角和俯仰角，其实际是由横向和纵向位置误差决定的。令 $\boldsymbol{r}_p=[r_x\quad r_y\quad r_z]^{\mathrm{T}}$ 和 $\boldsymbol{r}_\Theta=[r_\phi\quad r_\theta\quad r_\psi]^{\mathrm{T}}$。定义姿态和位置误差 $\boldsymbol{e}_p=[e_{pi}]_{3\times1}$，$\boldsymbol{e}_v=\dot{\boldsymbol{e}}_p=[e_{vi}]_{3\times1}$，$\boldsymbol{e}_\Theta=[e_{\Theta i}]_{3\times1}$ 和 $\boldsymbol{e}_\omega=\dot{\boldsymbol{e}}_\Theta=[e_{\omega i}]_{3\times1}$，其中 $\boldsymbol{e}_p=\boldsymbol{p}-\boldsymbol{r}_p$，$e_\Theta=\boldsymbol{\Theta}-\boldsymbol{r}_\Theta$。四旋翼无人机通过安装控制输入分配系统将控制输入 $u_i(i=z,\phi,\theta,\psi)$ 分配到四个旋翼，即

$$\begin{aligned}u_z&=\omega_1^2+\omega_2^2+\omega_3^2+\omega_4^2\\ u_\phi&=\omega_2^2-\omega_4^2\\ u_\theta&=\omega_1^2-\omega_3^2\\ u_\psi&=\omega_1^2-\omega_2^2+\omega_3^2-\omega_4^2\end{aligned}$$

由上述定义和式(7.1)可得到如下平动和转动误差模型：

$$\begin{aligned}\ddot{\boldsymbol{e}}_p&=\boldsymbol{B}_p\boldsymbol{u}_p+\boldsymbol{\Delta}_p-\boldsymbol{c}_{33}g-\ddot{\boldsymbol{r}}_p\\ \ddot{\boldsymbol{e}}_\Theta&=\boldsymbol{B}_\Theta\boldsymbol{u}_\Theta+\boldsymbol{\Delta}_\Theta+\boldsymbol{J}^{-1}\boldsymbol{c}(\boldsymbol{\Theta},\dot{\boldsymbol{\Theta}})\boldsymbol{\Theta}-\ddot{\boldsymbol{r}}_\Theta\end{aligned}\tag{7.2}$$

式中，$\boldsymbol{B}_p=\mathrm{diag}(b_{p1}, b_{p2}, b_{p3})$；$\boldsymbol{B}_\Theta=\mathrm{diag}(b_{\Theta1}, b_{\Theta2}, b_{\Theta3})$；$b_{p1}=g$；$b_{p2}=-g$；

$b_{p3}=\dfrac{k_\omega}{m}$；$\boldsymbol{B}_\Theta=\boldsymbol{J}^{-1}k_\omega\operatorname{diag}(l_{\mathrm{T}},l_{\mathrm{T}},k_\tau)$；$\boldsymbol{u}_p=[u_x\ u_y\ u_z]^{\mathrm{T}}\in\mathbf{R}^{3\times1}$；$\boldsymbol{u}_\Theta=[u_\phi\ u_\theta\ u_\psi]^{\mathrm{T}}\in\mathbf{R}^{3\times1}$；$\boldsymbol{\Delta}_p=[\Delta_{pi}]_{3\times1}$；$\boldsymbol{\Delta}_\Theta=[\Delta_{\Theta i}]_{3\times1}$。$u_x=r_\theta$ 和 $u_y=r_\phi$ 分别表示纵向和横向通道的虚拟控制输入，也分别表示俯仰和滚转角的参考信号。$\boldsymbol{\Delta}_p$ 和 $\boldsymbol{\Delta}_\Theta$ 为包含了非线性和模型参数不确定性的系统等效扰动，满足：

$$\begin{aligned}\boldsymbol{\Delta}_p&=m^{-1}(\boldsymbol{\Delta}_{Np}+\boldsymbol{B}_p\boldsymbol{e}_\Theta+\boldsymbol{\Delta}'_p)\\ \boldsymbol{\Delta}_\Theta&=\boldsymbol{J}^{-1}\boldsymbol{\Delta}'_\Theta\end{aligned}$$

式中，$\boldsymbol{\Delta}_{Np}$ 表示平动特性中的非线性项：

$$\boldsymbol{\Delta}_{Np}=\begin{bmatrix}T\sin\phi\sin\psi+T\cos\phi\cos\psi\sin\theta-mb_{p1}u_x\\ T\cos\phi\sin\theta\sin\psi-T\cos\psi\sin\phi+mb_{p2}u_y\\ (\cos\theta\cos\phi-1)b_{p3}u_z\end{bmatrix}$$

为避免欧拉角表达式中的奇异性问题，假设滚转角和俯仰角是有界的，且满足 $\phi\in\left(-\dfrac{\pi}{2},\dfrac{\pi}{2}\right)$ 和 $\theta\in\left(-\dfrac{\pi}{2},\dfrac{\pi}{2}\right)$。假设包含非线性、不确定性和时滞的等价干扰 $\boldsymbol{\Delta}_p$ 和 $\boldsymbol{\Delta}_\Theta$ 的范数有界，并满足：

$$\begin{aligned}\|\boldsymbol{\Delta}_p\|&\leqslant\sum_{j=0}^{3}\zeta_{pej}\|\boldsymbol{E}[t-h_j(t)]\|+\sum_{k=0}^{1}\zeta_{puk}\|\boldsymbol{u}_p[t-h_k^u(t)]\|+\phi_p(d)\\ \|\boldsymbol{\Delta}_\Theta\|&\leqslant\sum_{j=0}^{3}\zeta_{\Theta ej}\|\boldsymbol{E}[t-h_j(t)]\|+\sum_{k=0}^{1}\zeta_{\Theta uk}\|\boldsymbol{u}_\Theta[t-h_k^u(t)]\|+\phi_\Theta(d)\end{aligned}\tag{7.3}$$

式中，$\boldsymbol{E}=[\boldsymbol{e}_p^{\mathrm{T}}\quad\boldsymbol{e}_v^{\mathrm{T}}\quad\boldsymbol{e}_\Theta^{\mathrm{T}}\quad\boldsymbol{e}_\omega^{\mathrm{T}}]^{\mathrm{T}}$；$\zeta_{pej}$、$\zeta_{\Theta ej}(j=0,1,2,3)$、$\zeta_{puk}$ 和 $\zeta_{\Theta uk}(k=0,1)$ 为正常数；ϕ_p 和 ϕ_Θ 为正的函数。$h_j(t)\in\mathbf{R}^{12\times1}$ 和 $h_k^u(t)\in\mathbf{R}^{3\times1}$ 分别表示状态上的时间延时和输入延时，$h_0(t)=0$，$h_0^u(t)=0$。这些时变时滞是非负的且一致有界，满足 $\bar{h}_e=\max\limits_j\|h_j\|_\infty<\infty$，$\bar{h}_{ed}=\max\limits_j\|\dot{h}_j\|_\infty<1$，$\bar{h}_u=\max\limits_k\|h_k^u\|_\infty<\infty$，$\bar{h}_{ud}=\max\limits_k\|\dot{h}_k^u\|_\infty<1$。如果外界干扰 d 是有界的，则函数 ϕ_p 和 ϕ_Θ 是有界的。

注释 7.2: 延时可能是不规律的，$h_j(t)(j=1,2,3)$ 和 $h_1^u(t)$ 中的任何元素不等于其中的其他元素。例如，声呐传感器用于测量高度位置，而 GPS 接收器用于测量水平位置。这些传感器测量的延时可以是不同的。

7.3 控制器设计

在本节中，鲁棒飞行控制器的设计过程将分为两个步骤：首先，设计位置控制器实现期望高度的跟踪过程，并基于横向和纵向位置误差生成期望的滚转和俯仰参考信号 r_ϕ 和 r_θ；然后，设计姿态控制器来实现对三个欧拉角 ϕ、θ 和 ψ 的稳定控制。位置和姿态控制器都基于鲁棒补偿技术设计。在本章中，通过采用这种技术来解决非线性不确定性系统的多种不确定性及状态和输入时滞的控制问题。

7.3.1 位置控制器设计

令 $u_x = r_\theta$ 和 $u_y = r_\phi$ 为纵向和横向通道的虚拟控制输入。设计如下位置反馈控制律：

$$\boldsymbol{u}_p = \boldsymbol{B}_p^{-1}(-\boldsymbol{K}_{pe}\boldsymbol{e}_p - \boldsymbol{K}_{ve}\boldsymbol{e}_v + \boldsymbol{c}_{33}g + \ddot{\boldsymbol{r}}_p + \boldsymbol{u}_p^{\mathrm{R}}) \tag{7.4}$$

式中，$\boldsymbol{K}_{pe} = \mathrm{diag}(k_{pe1}, k_{pe2}, k_{pe3})$ 和 $\boldsymbol{K}_{ve} = \mathrm{diag}(k_{ve1}, k_{ve2}, k_{ve3})$ 为标称反馈控制器增益；$\boldsymbol{u}_p^{\mathrm{R}}$ 表示用于抑制等效扰动 $\boldsymbol{\Delta}_p$ 影响的鲁棒补偿控制输入。$\boldsymbol{u}_p^{\mathrm{R}}$ 可基于鲁棒控制器 $\boldsymbol{F}_p(s)$ 设计为

$$\boldsymbol{u}_p^{\mathrm{R}} = -\boldsymbol{F}_p(s)\boldsymbol{\Delta}_p \tag{7.5}$$

式中，s 表示拉普拉斯算子；$\boldsymbol{F}_p(s) = \mathrm{diag}[F_{p1}(s), F_{p2}(s), F_{p3}(s)]$，$F_{pi}(s) = \dfrac{f_{pi}^2}{(s+f_{pi})^2}(i=1, 2, 3)$，其中 f_{pi} 是正的鲁棒补偿控制器参数。

注释 7.3：忽略等效扰动 $\boldsymbol{\Delta}_p$，可将式(7.2)中的第一个方程视为标称位置模型。此外，通过忽略式(7.4)中的鲁棒补偿输入 $\boldsymbol{u}_p^{\mathrm{R}}$，可得到标称位置控制律。通过选择适当的控制器增益 $\boldsymbol{K}_{pe}$ 和 $\boldsymbol{K}_{ve}$，使位置闭环标称系统具有期望的极点。

注释 7.4：实际上 $F_{pi}(s)(i=1, 2, 3)$ 为低通滤波器。如果鲁棒滤波器具有充分宽的频率带宽，即 $f_{pi}(i=1, 2, 3)$ 为充分大的正值，则 $\boldsymbol{u}_p^{\mathrm{R}}$ 会近似等于 $-\boldsymbol{\Delta}_p$，此时等效干扰对闭环位置控制系统的影响会被抑制。

由于式(7.5)中的等效扰动 $\boldsymbol{\Delta}_p$ 无法直接测量得到，因此需要采取另一种方法实现式(7.5)中的鲁棒补偿控制律。从式(7.2)可得：

$$\boldsymbol{\Delta}_p = \ddot{\boldsymbol{e}}_p + \boldsymbol{c}_{33}g + \ddot{\boldsymbol{r}}_p - \boldsymbol{B}_p\boldsymbol{u}_p \tag{7.6}$$

结合式(7.5)和式(7.6),可实现鲁棒补偿输入为

$$\begin{aligned}\dot{\boldsymbol{v}}_{p1}&=-\boldsymbol{f}_p\boldsymbol{v}_{p1}-\boldsymbol{f}_p^2\boldsymbol{e}_p+\boldsymbol{B}_p\boldsymbol{u}_p-\boldsymbol{c}_{33}g-\ddot{\boldsymbol{r}}_p\\\dot{\boldsymbol{v}}_{p2}&=-\boldsymbol{f}_p\boldsymbol{v}_{p2}+2\boldsymbol{f}_p\boldsymbol{e}_p+\boldsymbol{v}_{p1}\\\boldsymbol{u}_p^{\mathrm{R}}&=\boldsymbol{f}_p^2(\boldsymbol{v}_{p2}-\boldsymbol{e}_p)\end{aligned} \tag{7.7}$$

式中,$\boldsymbol{v}_{p1}$、$\boldsymbol{v}_{p2}$ 表示鲁棒过滤器的状态且 $\boldsymbol{f}_p=\mathrm{diag}(f_{p1}, f_{p2}, f_{p3})$。

7.3.2 姿态控制器设计

姿态控制器的设计方法与位置控制器相似,可由式(7.8)给出:

$$\boldsymbol{u}_\Theta=\boldsymbol{B}_\Theta^{-1}(-\boldsymbol{K}_{\Theta e}\boldsymbol{e}_\Theta-\boldsymbol{K}_{\omega e}\boldsymbol{e}_\omega-\boldsymbol{J}^{-1}\boldsymbol{c}(\boldsymbol{\Theta}, \dot{\boldsymbol{\Theta}})\boldsymbol{\Theta}+\ddot{\boldsymbol{r}}_{\boldsymbol{\Theta}}+\boldsymbol{u}_\Theta^{\mathrm{R}}) \tag{7.8}$$

式中,$\boldsymbol{K}_{\Theta e}=\mathrm{diag}(k_{\Theta e1}, k_{\Theta e2}, k_{\Theta e3})$;$\boldsymbol{K}_{\omega e}=\mathrm{diag}(k_{\omega e1}, k_{\omega e2}, k_{\omega e3})$ 为标称姿态控制器增益;$\boldsymbol{u}_\Theta^{\mathrm{R}}$ 是姿态鲁棒补偿输入,以减小 $\boldsymbol{\Delta}_\Theta$ 对姿态闭环控制系统的影响。$\boldsymbol{u}_\Theta^{\mathrm{R}}$ 可通过如下鲁棒滤波器 $\boldsymbol{F}_\Theta(s)$ 实现,即

$$\boldsymbol{u}_\Theta^{\mathrm{R}}=-\boldsymbol{F}_\Theta(s)\boldsymbol{\Delta}_\Theta \tag{7.9}$$

式中,$\boldsymbol{F}_\Theta(s)=\mathrm{diag}[F_{\Theta1}(s),F_{\Theta2}(s),F_3(s)]$;$\boldsymbol{F}_{\Theta i}(s)=\dfrac{f_{\Theta i}^2}{(s+f_{\Theta i})^2}(i=1, 2, 3)$,且 $f_{\Theta i}$ 为待定的正鲁棒补偿控制器参数。$\boldsymbol{u}_\Theta^{\mathrm{R}}$ 可通过下式实现:

$$\begin{aligned}\dot{\boldsymbol{v}}_{\Theta1}&=-\boldsymbol{f}_\Theta\boldsymbol{v}_{\Theta1}-\boldsymbol{f}_\Theta^2\boldsymbol{e}_\Theta+\boldsymbol{B}_\Theta\boldsymbol{u}_\Theta+\boldsymbol{J}^{-1}\boldsymbol{c}(\boldsymbol{\Theta}, \dot{\boldsymbol{\Theta}})\boldsymbol{\Theta}-\ddot{\boldsymbol{r}}_\Theta\\\dot{\boldsymbol{v}}_{\Theta2}&=-\boldsymbol{f}_\Theta\boldsymbol{v}_{\Theta2}+2\boldsymbol{f}_\Theta\boldsymbol{e}_\Theta+\boldsymbol{v}_{\Theta1}\\\boldsymbol{u}_\Theta^{\mathrm{R}}&=\boldsymbol{f}_\Theta^2(\boldsymbol{v}_{\Theta2}-\boldsymbol{e}_\Theta)\end{aligned} \tag{7.10}$$

式中,$\boldsymbol{v}_{\Theta1}$、$\boldsymbol{v}_{\Theta2}$ 代表鲁棒补偿控制器的状态且 $\boldsymbol{f}_\Theta=\mathrm{diag}(f_{\Theta1}, f_{\Theta2}, f_{\Theta3})$。

注释 7.5:从控制器设计过程中可以看出,提出的鲁棒分层控制方法导致了内外分层的控制结构,即内环(姿态)控制器控制转动运动,外环(位置)控制器控制平动运动。

7.4 鲁棒特性分析

本节将分析由非线性四旋翼无人机模型[式(7.1)]、位置控制器[式(7.4)]、姿态控制器[式(7.8)]、鲁棒控制器[式(7.10)]组成的闭环控制系统的鲁棒特性。

式(7.5)和式(7.9)中的鲁棒补偿输入可分别用如下状态空间形式描述：

$$\begin{aligned}&\dot{\boldsymbol{X}}_{Rj}=\boldsymbol{A}_{Rj}(f_j)\boldsymbol{X}_{Rj}+\boldsymbol{c}_{21}\boldsymbol{\Delta}_j\\&\boldsymbol{u}_j^{\mathrm{R}}=-\boldsymbol{c}_{22}^{\mathrm{T}}f_j\boldsymbol{X}_{Rj},\quad j=p1,\ p2,\ p3,\ \Theta 1,\ \Theta 2,\ \Theta 3\end{aligned}\tag{7.11}$$

式中，

$$\boldsymbol{A}_{Rj}(f_j)=\begin{bmatrix}-f_j & 0\\ f_j & -f_j\end{bmatrix}$$

令 $\boldsymbol{E}_{pi}=[e_{pi}\quad e_{vi}]^{\mathrm{T}}$，$\boldsymbol{X}_{pi}=[\boldsymbol{E}_{pi}^{\mathrm{T}}\quad \boldsymbol{X}_{Rpi}^{\mathrm{T}}]^{\mathrm{T}}(i=1,2,3)$，$\boldsymbol{X}_{Rp}=[\boldsymbol{X}_{Rp1}^{\mathrm{T}}\quad \boldsymbol{X}_{Rp2}^{\mathrm{T}}\quad \boldsymbol{X}_{Rp3}^{\mathrm{T}}]^{\mathrm{T}}$，$\boldsymbol{X}_{R\Theta}=[\boldsymbol{X}_{R\Theta 1}^{\mathrm{T}}\quad \boldsymbol{X}_{R\Theta 2}^{\mathrm{T}}\quad \boldsymbol{X}_{R\Theta 3}^{\mathrm{T}}]^{\mathrm{T}}$。由式(7.2)、式(7.4)、式(7.5)可得到状态空间形式描述的平动运动误差模型为

$$\dot{\boldsymbol{X}}_{pi}=\boldsymbol{A}_{pi}\boldsymbol{X}_{pi}+\boldsymbol{B}_{\Delta pi}\boldsymbol{\Delta}_{pi},\quad i=1,\ 2,\ 3\tag{7.12}$$

式中，

$$\boldsymbol{A}_{pi}=\begin{bmatrix}\boldsymbol{A}_{epi} & -\boldsymbol{c}_{2,2}\boldsymbol{c}_{2,2}^{\mathrm{T}}\boldsymbol{f}_{pi}\\ \boldsymbol{0}_{2\times 2} & \boldsymbol{A}_{Rpi}(f_{pi})\end{bmatrix}$$

$$\boldsymbol{B}_{\Delta pi}=\begin{bmatrix}\boldsymbol{c}_{22}\\ \boldsymbol{c}_{21}\end{bmatrix}$$

$$\boldsymbol{A}_{epi}=\begin{bmatrix}0 & 1\\ -k_{pei} & -k_{vei}\end{bmatrix}$$

可通过类似方法得到姿态误差模型：

$$\dot{\boldsymbol{X}}_{\Theta i}=\boldsymbol{A}_{\Theta i}\boldsymbol{X}_{\Theta i}+\boldsymbol{B}_{\Delta\Theta i}\boldsymbol{\Delta}_{\Theta i},\quad i=1,\ 2,\ 3\tag{7.13}$$

式中，$\boldsymbol{X}_{\Theta i}=[\boldsymbol{E}_{\Theta i}^{\mathrm{T}}\quad \boldsymbol{X}_{R\Theta i}^{\mathrm{T}}]^{\mathrm{T}}$，$\boldsymbol{E}_{\Theta i}=[\boldsymbol{e}_{\Theta i}\quad \boldsymbol{e}_{\omega i}]^{\mathrm{T}}$；且

$$\boldsymbol{A}_{\Theta i}=\begin{bmatrix}\boldsymbol{A}_{e\Theta i} & -\boldsymbol{c}_{2,2}\boldsymbol{c}_{2,2}^{\mathrm{T}}f_{\Theta i}\\ \boldsymbol{0}_{2\times 2} & \boldsymbol{A}_{R\Theta i}(f_{\Theta i})\end{bmatrix}$$

$$\boldsymbol{B}_{\Delta\Theta i}=\begin{bmatrix}\boldsymbol{c}_{2,2}\\ \boldsymbol{c}_{2,1}\end{bmatrix}$$

$$\boldsymbol{A}_{e\Theta i}=\begin{bmatrix}0 & 1\\ -k_{\Theta ei} & -k_{\omega ei}\end{bmatrix}$$

定义 $\boldsymbol{X}_p=[\boldsymbol{X}_{p1}^{\mathrm{T}}\quad \boldsymbol{X}_{p2}^{\mathrm{T}}\quad \boldsymbol{X}_{p3}^{\mathrm{T}}]^{\mathrm{T}}$，$\boldsymbol{X}_{\Theta}=[\boldsymbol{X}_{\Theta 1}^{\mathrm{T}}\quad \boldsymbol{X}_{\Theta 2}^{\mathrm{T}}\quad \boldsymbol{X}_{\Theta 3}^{\mathrm{T}}]^{\mathrm{T}}$，$\boldsymbol{X}=[\boldsymbol{X}_p^{\mathrm{T}}\quad \boldsymbol{X}_{\Theta}^{\mathrm{T}}]^{\mathrm{T}}$。然

后,结合式(7.12)和式(7.13),可得:

$$\dot{\boldsymbol{X}}_i=\boldsymbol{A}_i\boldsymbol{X}_i+\boldsymbol{B}_{\Delta i}\boldsymbol{\Delta}_i,\quad i=p,\Theta \tag{7.14}$$

式中,$\boldsymbol{A}_i=\text{diag}(\boldsymbol{A}_{i1},\boldsymbol{A}_{i2},\boldsymbol{A}_{i3})$;$\boldsymbol{B}_{\Delta i}=\text{diag}(\boldsymbol{B}_{\Delta i1},\boldsymbol{B}_{\Delta i2},\boldsymbol{B}_{\Delta i3})$。由式(7.3)、式(7.4)、式(7.8)和式(7.11)可得到正常数ξ_{iu0}、ξ_{iu1}、ζ_{iK}、$\phi_{ic}(i=p,\Theta)$使得:

$$\begin{aligned}\|\boldsymbol{\Delta}_i\|\leqslant&\sum_{j=0}^{3}\zeta_{iej}\|\boldsymbol{E}[t-h_j(t)]\|+\phi_{ic}+\\&\sum_{k=0}^{1}\xi_{iuk}(\zeta_{iK}\|\boldsymbol{E}[t-h_k^u(t)]\|+f_{im}\|\boldsymbol{X}_{Ri}[t-h_k^u(t)]\|)\end{aligned}\tag{7.15}$$

式中,$f_{im}=\|\boldsymbol{f}_i\|$;$\boldsymbol{X}_{Ri}=\text{diag}(\boldsymbol{X}_{Ri1},\boldsymbol{X}_{Ri2},\boldsymbol{X}_{Ri3})$。可看出,这些$\boldsymbol{A}_{ij}(i=p,\Theta;j=1,2,3)$矩阵为赫尔维茨矩阵。因此,存在正定矩阵$\boldsymbol{P}_{ij}(i=p,\Theta;j=1,2,3)$使得$\boldsymbol{P}_{ij}\boldsymbol{A}_{ij}+\boldsymbol{A}_{ij}^{\mathrm{T}}\boldsymbol{P}_{ij}=-\boldsymbol{I}_{4\times4}$。从矩阵$\boldsymbol{A}_{ij}(i=p,\Theta;j=1,2,3)$的构造中,可知存在与鲁棒补偿控制器参数无关的正常数$\xi_{Bij}(i=p,\Theta;j=1,2,3)$,使得$\|\boldsymbol{P}_{ij}\boldsymbol{B}_{\Delta ij}\|\leqslant\xi_{Bij}f_{ij}^{-1}$,并满足:

$$\|\boldsymbol{P}_i\boldsymbol{B}_{\Delta i}\|\leqslant\xi_{Bi}f_{im}^{-1},\quad i=p,\Theta \tag{7.16}$$

式中,$\boldsymbol{P}_i=\text{diag}(\boldsymbol{P}_{i1},\boldsymbol{P}_{i2},\boldsymbol{P}_{i3})$;$\xi_{Bi}=\max\limits_{j}\{\xi_{Bij}\}$。$\xi_{Bi}(i=p,\Theta)$满足:

$$2\sum_{k=0}^{1}\xi_{Bi}\xi_{iuk}<(1-\sum_{k=0}^{1}\xi_{Bi}\xi_{iuk})(1-\bar{h}_{ud})$$

定义$\boldsymbol{E}_p=[\boldsymbol{E}_{p1}^{\mathrm{T}}\quad\boldsymbol{E}_{p2}^{\mathrm{T}}\quad\boldsymbol{E}_{p3}^{\mathrm{T}}]^{\mathrm{T}}$,$\boldsymbol{E}_\Theta=[\boldsymbol{E}_{\Theta1}^{\mathrm{T}}\quad\boldsymbol{E}_{\Theta2}^{\mathrm{T}}\quad\boldsymbol{E}_{\Theta3}^{\mathrm{T}}]^{\mathrm{T}}$,$\boldsymbol{E}=[\boldsymbol{E}_p^{\mathrm{T}}\quad\boldsymbol{E}_\Theta^{\mathrm{T}}]^{\mathrm{T}}$。具有输入和状态时滞的整个闭环系统的鲁棒性可以用如下定理来描述。

定理7.1:对于给定的初始时刻t_0,给定分段连续且有界的初始状态$\boldsymbol{E}(t)$,$t\in[t_0-\bar{h}_e,t_0]$和一个正常数ε,存在正常数$\underline{T}$和$\underline{f_j}(j=p1,p2,p3,\Theta1,\Theta2,\Theta3)$,使得如果$f_j\geqslant\underline{f_j}$,则在$t\geqslant t_0$时,$\boldsymbol{E}_i(t)$、$\boldsymbol{X}_{Ri}(t)(i=p,\Theta)$是一致有界的,并且满足$\|\boldsymbol{E}(t)\|\leqslant\varepsilon$,$\forall t\geqslant\underline{T}$。

证明:构建具有时滞项的李雅普诺夫函数为

$$\begin{aligned}V[\boldsymbol{X}(t),t]=&\sum_{i=p,\Theta}\boldsymbol{X}_i^{\mathrm{T}}(t)\boldsymbol{P}_i\boldsymbol{X}_i(t)+\\&\sum_{i=p,\Theta}\sum_{j=0}^{3}\eta_{\mathrm{VE}}\int_{t-h_j(t)}^{t}\|\boldsymbol{E}_i(\tau)\|^2\mathrm{d}\tau+\\&\sum_{i=p,\Theta}\sum_{k=0}^{1}\eta_{\mathrm{VU}}\int_{t-h_k^u(t)}^{t}\|\boldsymbol{E}_i(\tau)\|^2\mathrm{d}\tau+\\&\sum_{i=p,\Theta}\sum_{k=0}^{1}\eta_{\mathrm{VR}}\int_{t-h_k^u(t)}^{t}\|\boldsymbol{X}_{Ri}(\tau)\|^2\mathrm{d}\tau\end{aligned}$$

式中，η_{VE}、η_{VU}、η_{VR} 为待定的正常数。对上式两边进行求导可得：

$$
\begin{aligned}
\dot{V}[\boldsymbol{X}(t),t] \leqslant & -\sum_{i=p,\,\Theta}[\|\boldsymbol{E}_i(t)\|^2+\|\boldsymbol{X}_{Ri}(t)\|^2]+ \\
& \sum_{i=p,\,\Theta} 2\boldsymbol{X}_i^{\mathrm{T}}(t)\boldsymbol{P}_i\boldsymbol{B}_{\Delta i}\Delta_i + \\
& \sum_{i=p,\Theta}\sum_{j=0}^{3}\eta_{VE}\{\|\boldsymbol{E}_i(t)\|^2-(1-\bar{h}_{ed})\|\boldsymbol{E}_i[t-h_j(t)]\|^2)\}+ \\
& \sum_{i=p,\,\Theta}\sum_{k=0}^{1}\eta_{VU}\{\|\boldsymbol{E}_i(t)\|^2-(1-\bar{h}_{ud})\|\boldsymbol{E}_i[t-h_k^u(t)]\|^2\}+ \\
& \sum_{i=p,\,\Theta}\sum_{k=0}^{1}\eta_{VR}\{\|\boldsymbol{X}_{Ri}(t)\|^2-(1-\bar{h}_{ud})\|\boldsymbol{X}_{Ri}[t-h_k^u(t)]\|^2\}
\end{aligned}
$$

将(7.15)、式(7.16)代入上式可得：

$$
\begin{aligned}
\dot{V}[\boldsymbol{X}(t),t] \leqslant & -\sum_{i=p,\,\Theta}(\eta_{Ei}-\eta_{Efi}f_{im}^{-1})\|\boldsymbol{E}_i(t)\|^2- \\
& \sum_{i=p,\,\Theta}(\eta_{Xi}-\eta_{Xfi}f_{im}^{-1})\|\boldsymbol{X}_{Ri}(t)\|^2- \\
& \sum_{i=p,\,\Theta}(\eta_{Esi}-\eta_{Esfi}f_{im}^{-1})\|\boldsymbol{E}_i[t-h_j(t)]\|^2- \\
& \sum_{i=p,\,\Theta}(\eta_{Eui}-\eta_{Eufi}f_{im}^{-1})\|\boldsymbol{E}_i[t-h_k^u(t)]\|^2- \\
& \sum_{i=p,\,\Theta}\eta_{Xui}\|\boldsymbol{X}_{Ri}[t-h_k^u(t)]\|^2+ \\
& \sum_{i=p,\,\Theta}\eta_{\phi i}f_{im}^{-1}\|\boldsymbol{E}_i(t)\|+\sum_{i=p,\,\Theta}\eta_{\phi i}f_{im}^{-1}\|\boldsymbol{X}_{Ri}(t)\|
\end{aligned}
$$

式中，$\eta_{Ei}=1-4\eta_{VE}-2\eta_{VU}-\sum_{k=0}^{1}\xi_{Bi}\xi_{iuk}$；$\eta_{Efi}=\sum_{j=0}^{3}\xi_{Bi}\zeta_{iej}+\sum_{k=0}^{1}\xi_{Bi}\xi_{iuk}\zeta_{iK}$；$\eta_{Xi}=1-2\eta_{VR}-\sum_{k=0}^{1}\xi_{Bi}\xi_{iuk}$；$\eta_{Xfi}=\sum_{j=0}^{3}\xi_{Bi}\zeta_{iej}+\sum_{k=0}^{1}\xi_{Bi}\xi_{iuk}\zeta_{iK}$；$\eta_{Esi}=4\eta_{VE}(1-\bar{h}_{ed})$；$\eta_{Esfi}=4\sum_{j=0}^{3}\xi_{Bi}\zeta_{iej}$；$\eta_{Eui}=2\eta_{VU}(1-\bar{h}_{ud})$；$\eta_{Eufi}=4\sum_{k=0}^{1}\xi_{Bi}\xi_{iuk}\zeta_{iK}$；$\eta_{Xui}=2\eta_{VR}(1-\bar{h}_{ud})-2\sum_{k=0}^{1}\xi_{Bi}\xi_{iuk}$；$\eta_{\phi i}=2\xi_{Bi}\phi_{ic}$。如果正常数 η_{VE}、η_{VU}、η_{VR} 满足：

$$
4\eta_{VE}+2\eta_{VU}<1-\sum_{k=0}^{1}\xi_{Bi}\xi_{iuk}
$$

$$2\eta_{VR} < 1 - \sum_{k=0}^{1} \xi_{Bi}\xi_{iuk}$$

$$(1-\bar{h}_{ud})\eta_{VR} > \sum_{k=0}^{1} \xi_{Bi}\xi_{iuk}$$

那么可得到上述定义的常数 η_{Ei}、η_{Efi}、η_{Xi}、η_{Xfi}、η_{Esi}、η_{Esfi}、η_{Eui}、η_{Eufi}、η_{Xui}、$\eta_{\phi i}(i=p, \Theta)$ 是正的。

定义 $\pi_{Ei}=\eta_{Ei}-\eta_{Efi}f_{im}^{-1}$，$\pi_{Xi}=\eta_{Xi}-\eta_{Xfi}f_{im}^{-1}$，$\pi_{Esi}=\eta_{Esi}-\eta_{Esfi}f_{im}^{-1}$，$\pi_{Eui}=\eta_{Eui}-\eta_{Eufi}f_{im}^{-1}$，$\pi_{Xui}=\eta_{Xui}$，$\pi_{\phi i}=\eta_{\phi i}f_{im}^{-1}(i=p, \Theta)$ 满足：

$$\begin{aligned}\dot{V}[\boldsymbol{X}(t),t] \leqslant & -\sum_{i=p,\Theta}\pi_{Ei}\|\boldsymbol{E}_i(t)\|^2-\sum_{i=p,\Theta}\pi_{Xi}\|\boldsymbol{X}_{Ri}(t)\|^2+ \\ & \sum_{i=p,\Theta}\pi_{\phi i}\|\boldsymbol{E}_i(t)\|-\sum_{i=p,\Theta}\pi_{Esi}\|\boldsymbol{E}_i[t-h_j(t)]\|^2- \\ & \sum_{i=p,\Theta}\pi_{Eui}\|\boldsymbol{E}_i[t-h_k^u(t)]\|^2+\sum_{i=p,\Theta}\pi_{\phi i}\|\boldsymbol{X}_{Ri}(t)\|- \\ & \sum_{i=p,\Theta}\pi_{Xui}\|\boldsymbol{X}_{Ri}[t-h_k^u(t)]\|^2\end{aligned}$$

如果鲁棒补偿控制器参数 $f_{im}(i=p, \Theta)$ 满足：

$$\left.\begin{aligned} & f_{im} > \frac{\eta_{Efi}}{\eta_{Ei}} \\ & f_{im} > \frac{\eta_{Xfi}}{\eta_{Xi}} \\ & f_{im} > \frac{\eta_{Esfi}}{\eta_{Esi}} \\ & f_{im} > \frac{\eta_{Eufi}}{\eta_{Eui}} \end{aligned}\right., \quad i=p, \Theta$$

那么定义的常数 π_{Ei} 和 $\pi_{Xi}(i=p, \Theta)$ 是正的，且 π_{Esi}、π_{Eui}、π_{Xui}、$\pi_{\phi i}(i=p, \Theta)$ 非负。在这种情况下，误差 $\boldsymbol{E}(t)$ 和鲁棒补偿控制器状态 $\boldsymbol{X}_{Ri}(t)(i=p, \Theta)$ 在时间 $t \geqslant t_0$ 时一致有界。因此，对于给定的初始时间 t_0、一个正常数 ε，以及给定的分段连续且有界的初始状态 $\boldsymbol{E}(\tau)$，$\tau \in [t_0-\bar{h}_e, t_0]$，存在正常数 $\underline{T}$ 和 $\underline{f_j}$ $(j=p1, p2, p3, \Theta1, \Theta2, \Theta3)$，如果 $f_j \geqslant \underline{f_j}$，则误差 $\boldsymbol{E}(t)$ 满足 $\|\boldsymbol{E}(t)\| \leqslant \varepsilon$，$\forall t \geqslant \underline{T}$。

注释 7.6：从鲁棒特性分析可以看出，采用较大的鲁棒补偿控制器参数可提高跟踪性能。实际上正如注释 7.4 所示，如果使用较大的参数 f_{pi} 和 $f_{\Theta i}(i=1, 2, 3)$，则鲁棒滤波器的频率会更宽，从而可以抑制更多等效干扰对闭环控制系统的影响。

7.5 实验结果

为了验证所提出的闭环控制系统的跟踪性能，本节讨论了四旋翼无人机的轨迹跟踪实验。如图 7.2 所示是所搭建的四旋翼无人机实验平台。机载航空电子设备主要由如下几部分构成：基于 DSP 的飞行控制计算机（TMS320F28335）、陀螺仪（ADXRS610）、三轴加速度计（LIS3LV02DQ）、电子罗盘（CMPS10）、GPS 接收器、声呐传感器（URM37）、光流传感器（ADNS2610）和 Zigbee 无线模块（DRF1605）。地面站仅由一对 Zigbee 无线模块记录飞行数据。陀螺仪、三轴加速度计、罗盘、GPS 接收器、声呐传感器和光流传感器的采样率分别为 100 Hz、100 Hz、100 Hz、10 Hz、25 Hz、33 Hz。基于陀螺仪、三轴加速度计和罗盘的测量结果，采用扩展卡尔曼滤波获得姿态和角速度信息，通过对 GPS 接收器和光流传感器的测量数据进行融合，估计水平平动速度和位置信息；声呐传感器用于测量高度。姿态环以 10 ms 的采样频率更新，而位置环以 25 Hz 运行。$\bar{h}_e \leqslant 100\text{ms}$，$\bar{h}_u \leqslant 40\text{ms}$。四旋翼无人机的标称参数选取如下：$\boldsymbol{B}_p = \text{diag}(9.81, 9.81, 1)$ 和 $\boldsymbol{B}_\Theta = \text{diag}(1, 1, 15.99)$。

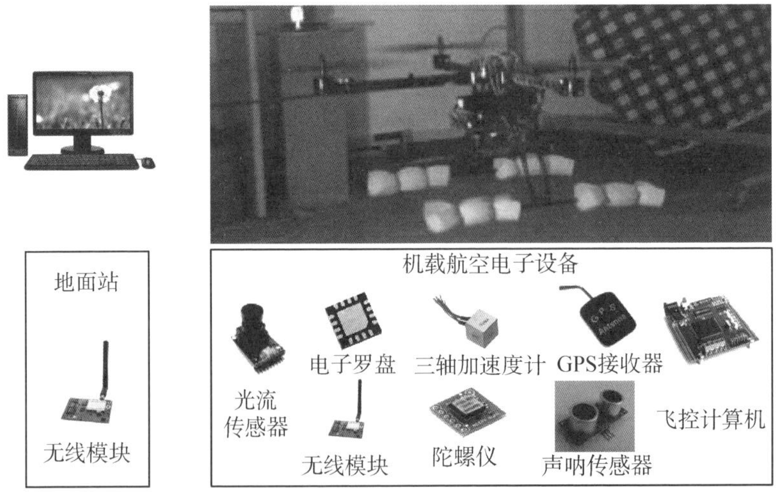

图 7.2 四旋翼无人机实验平台

标称位置和姿态控制器增益选择如下：$\boldsymbol{K}_{pe}=\mathrm{diag}(0.05, 0.05, 2.5)$，$\boldsymbol{K}_{ve}=\mathrm{diag}(0.3, 0.3, 45)$，$\boldsymbol{K}_{\Theta e}=\mathrm{diag}(6, 6, 20)$ 和 $\boldsymbol{K}_{\omega e}=\mathrm{diag}(2, 5, 4)$。为了获得最佳的动态和稳态性能，标称控制器参数是在悬停条件下得到的。首先对标称姿态控制器参数进行优化，然后对位置控制器参数进行优化。理论上，鲁棒补偿控制器的参数 f_{pi} 和 $f_{\Theta i}(i=1, 2, 3)$ 可由定理 7.1 确定。但是，f_{pi} 和 $f_{\Theta i}(i=1, 2, 3)$ 用这种方法确定的参数是保守的。此外，等效扰动的范数界难以求出，使得鲁棒补偿控制器参数难以计算。然而，在实际应用中，由于采用较大的鲁棒补偿控制器参数可以改善闭环控制系统的跟踪性能，因此可以将鲁棒补偿控制器参数作为整定参数，实现在线单向整定方法。首先，设置 f_{pi} 和 $f_{\Theta i}(i=1, 2, 3)$ 具有一些初始正值，运行闭环控制系统；如果跟踪性能不理想，则可增加 f_{pi} 和 $f_{\Theta i}(i=1, 2, 3)$ 的值，直到达到预期的跟踪性能。本章采用这种在线整定方法确定鲁棒补偿控制器参数：$\boldsymbol{f}_p=\mathrm{diag}(0.5, 0.5, 0.5)$ 和 $\boldsymbol{f}_\Theta=\mathrm{diag}(1, 1, 1)$。四旋翼无人机实验平台需要进行如下任务来验证所提控制方法的有效性。

1）**实验 7.1**：正方形轨迹跟踪实验

在本实验中，要求四旋翼无人机跟踪边长为 2 m 的正方形的 4 条边，同时要求四旋翼的高度和偏航角分别稳定在 0.5 m 和 0°。3 个位置和 3 个姿态角的响应分别如图 7.3 和图 7.4 所示。纵向和横向位置误差如图 7.5 所示，控制输入如图 7.6 所示。可以看出，纵向位置、横向位置、高度和偏航角的动态跟踪错误分别为 0.5 m、0.5 m、0.03 m、1°，而纵向和横向位置的稳态跟踪误差可减少到约 0.1 m。从图中可以看出，在参数摄动、非线性和耦合动力学、外部干扰、状态和输入时滞等多种不确定性和时滞的影响下，所设计的闭环控制系统可实现期望的轨迹跟踪控制。

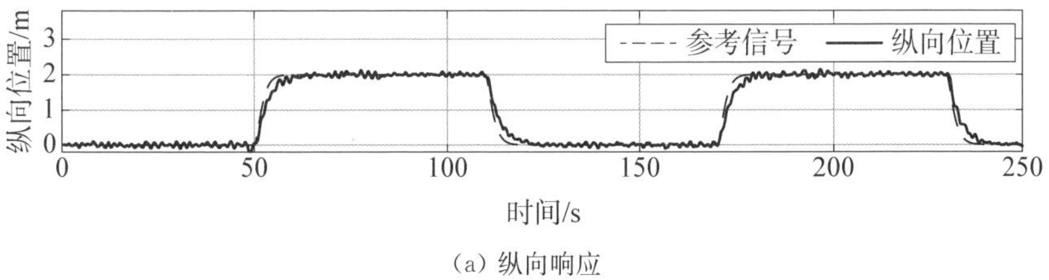

(a) 纵向响应

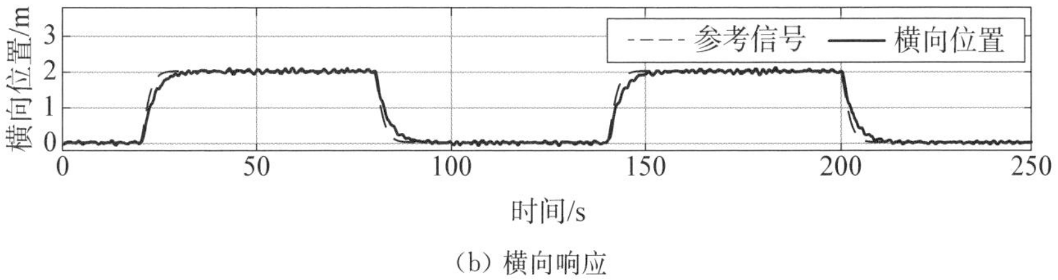

(b) 横向响应

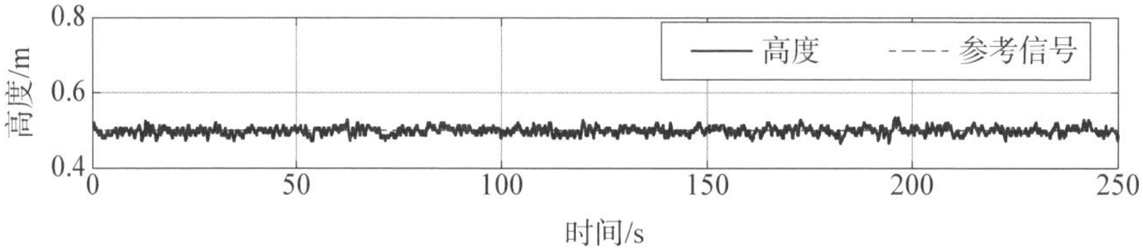

(c) 高度响应(两条曲线基本重合)

图 7.3　实验 7.1 中的位置响应

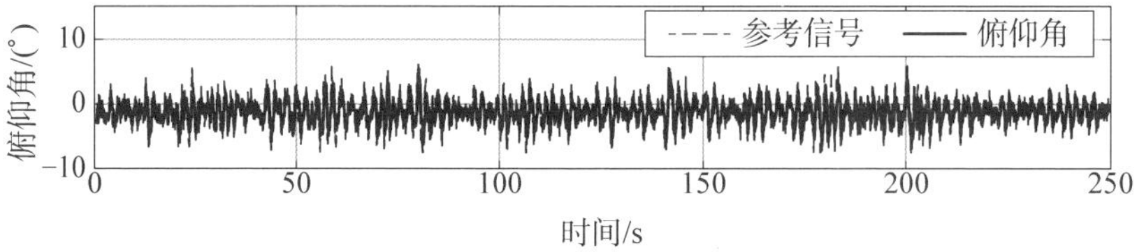

(a) 俯仰响应(两条曲线基本重合)

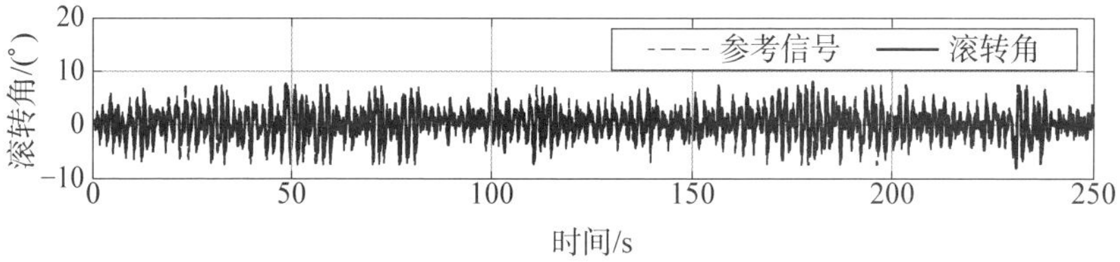

(b) 滚转响应(两条曲线基本重合)

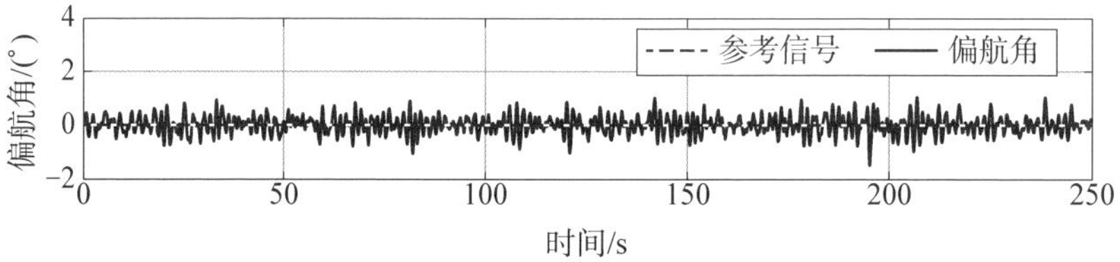

(c) 偏航响应

图 7.4　实验 7.1 中的姿态角响应

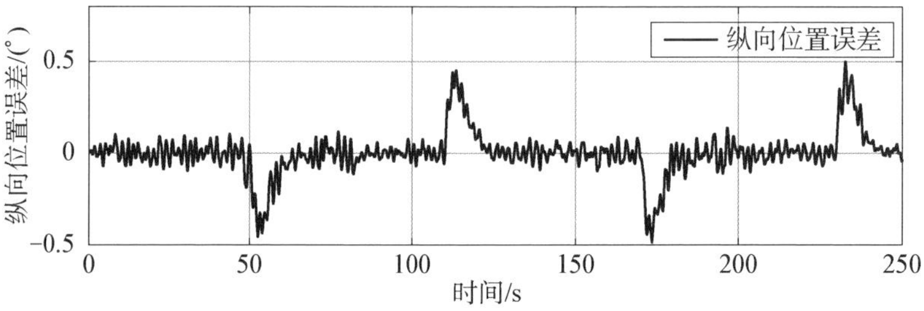

(a) 纵向位置误差

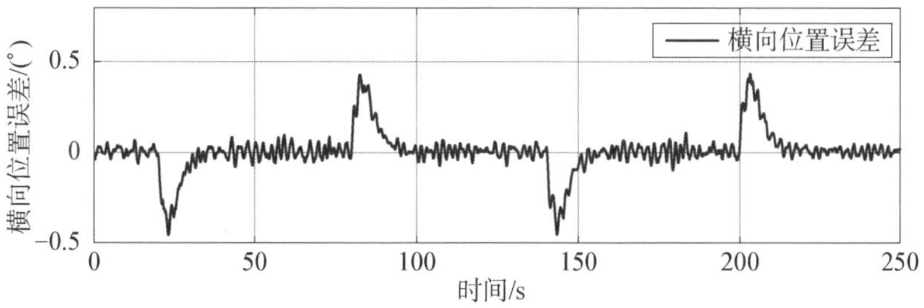

(b) 横向位置误差

图 7.5　实验 7.1 中的纵向和横向位置误差

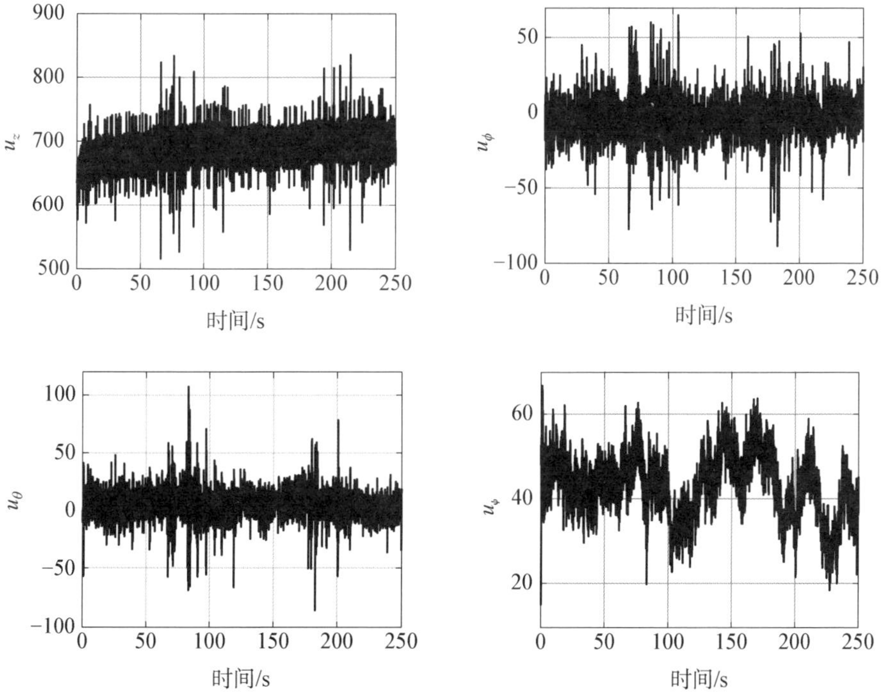

图 7.6　实验 7.1 中的控制输入

2) **实验 7.2**:起降实验

在本实验中,要求四旋翼无人机自动执行起降任务。四旋翼无人机首先需要爬升到离地面 0.5 m 的位置。将四旋翼无人机放置在地面上时,声呐传感器与地面的距离为 0.12 m。纵向位置和横向位置要求保持在 0 m,偏航角保持在 0°。高度响应如图 7.7 所示,水平位置的跟踪性能如图 7.8 所示。结果表明,在飞行器起降过程中,水平位置可以保持在高于初始位置 0.2 m 的误差范围内。在此任务中,即使飞行器受到严重的地面影响,闭环控制系统也能实现良好的跟踪性能。

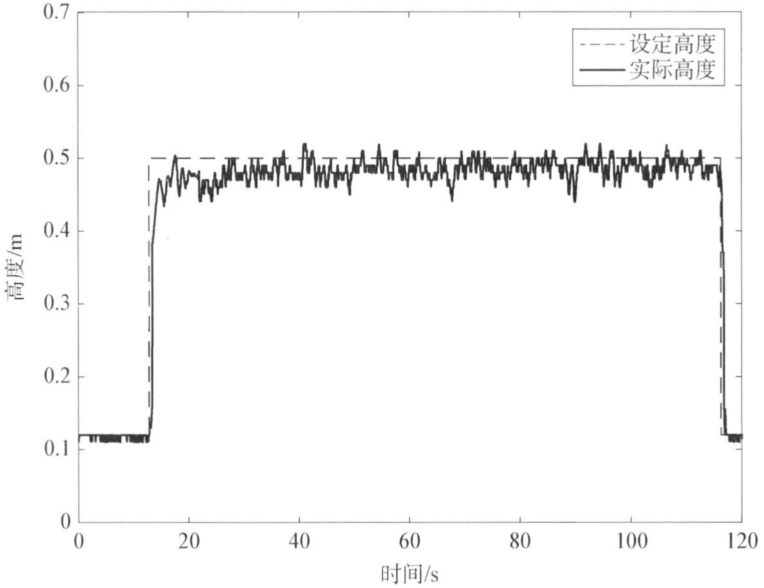

图 7.7　实验 7.2 中的高度响应

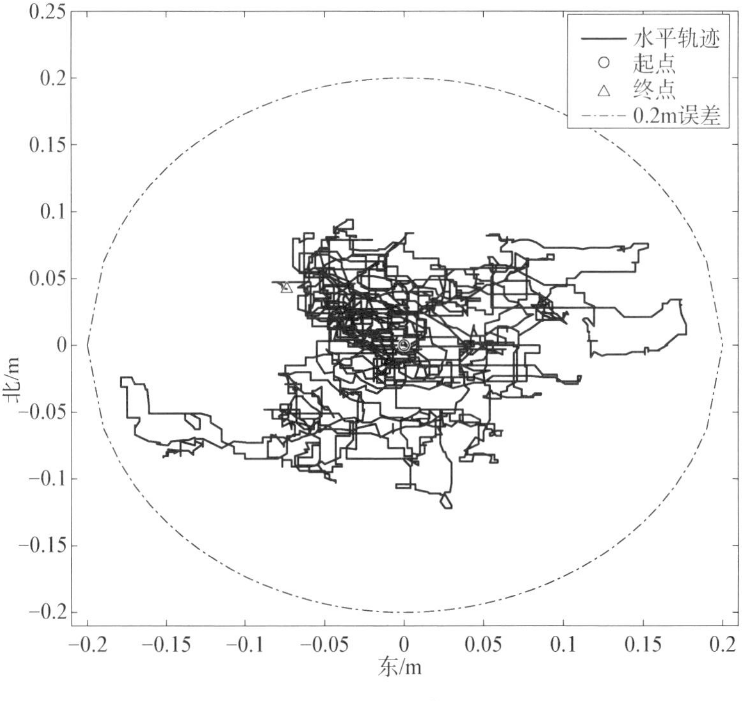

图 7.8　实验 7.2 中水平位置(横、纵向)的跟踪性能

7.6　本章小结

本章针对存在参数摄动、非线性动态、参数耦合、外部干扰以及状态和输入延时的四旋翼无人机模型，提出了一种鲁棒控制器设计方法。基于分层控制策略和鲁棒补偿方法，本章所设计的控制器由姿态控制器和位置控制器组成，从理论上给出了所设计的闭环控制系统的鲁棒性分析证明，并通过飞行实验结果验证了所设计的鲁棒控制器的有效性。

第8章　基于强化学习的四旋翼鲁棒最优轨迹跟踪控制

8.1　引言

无人飞行器是一个高非线性、强耦合的系统，飞行器姿态各个通道之间相互耦合。传统的最优控制方法是将飞行器模型简化为线性模型，并针对线性模型求解里卡蒂方程，直接得到最优控制律[115]。然而，这种方法得到的控制律无法保证实际应用中飞行器在非线性和耦合动态影响下性能最优。正是由于非线性和耦合动态的存在，目前很难直接基于飞行器模型设计最优控制律。

首先，在工程实践中，获得一些飞行器系统参数会比较困难。例如，较难获取四旋翼无人飞行器的阻尼系数、尾座式无人飞行器的所有气动参数（升力系数、阻力系数等）。其次，飞行器的动态会因为自身结构和外部环境的变化而变化。例如，飞行器携带的有效载荷对飞行器系统是未知的，并且随着飞行任务的不同而改变，其会影响飞行器的质量和转动惯量等参数[116]。最后，在飞行器实际飞行中，飞行器系统未建模的动态会被激发出来，从而影响传统的依赖于模型的控制方法（如鲁棒补偿控制[117]、自适应控制[118]、鲁棒最优控制[119]等）的飞行性能。因此，需要设计具有一定自主性的控制器，在不基于飞行器模型的情况下，能够通过与环境的交互，实时学习并生成最优的控制策略。本章通过设计强化学习算法，利用飞行器与外部环境的交互数据，在不基于模型的条件下，实时学习得到最优控制策略。

8.2　问题描述

定义 $\boldsymbol{x}_p=[\boldsymbol{p}^{\mathrm{T}} \quad \dot{\boldsymbol{p}}^{\mathrm{T}}]^{\mathrm{T}} \in \mathbf{R}^{6\times1}$ 为无人飞行器位置状态矢量，$\boldsymbol{x}_\Theta=[\boldsymbol{\Theta}^{\mathrm{T}} \quad \dot{\boldsymbol{\Theta}}^{\mathrm{T}}]^{\mathrm{T}} \in \mathbf{R}^{6\times1}$ 为无人飞行器姿态状态矢量。则四旋翼模型[式(7.1)]可改写为

$$\begin{aligned}\dot{\boldsymbol{x}}_p &= \boldsymbol{F}_p\boldsymbol{x}_p+\bar{\boldsymbol{B}}_p\boldsymbol{u}_p-g\boldsymbol{c}_{6,6}+\boldsymbol{D}_p\boldsymbol{\Delta}'_p \\ \dot{\boldsymbol{x}}_\Theta &= \boldsymbol{F}_\Theta(\boldsymbol{x}_\Theta)+\bar{\boldsymbol{B}}_\Theta\boldsymbol{u}_\Theta+\boldsymbol{D}_\Theta\boldsymbol{\Delta}'_\Theta\end{aligned} \tag{8.1}$$

式中，$\boldsymbol{F}_p=[\boldsymbol{0}_{6\times3} \quad \boldsymbol{c}_{6,1} \quad \boldsymbol{c}_{6,2} \quad \boldsymbol{c}_{6,3}]$；$\bar{\boldsymbol{B}}_p=[\boldsymbol{0}_{3\times3} \quad \boldsymbol{B}_p]^{\mathrm{T}}$；$\bar{\boldsymbol{B}}_\Theta=[\boldsymbol{0}_{3\times3} \quad \boldsymbol{B}_\Theta]^{\mathrm{T}}$；$\boldsymbol{D}_p=\boldsymbol{D}_\Theta=[\boldsymbol{0}_{3\times3} \quad \boldsymbol{I}_{3\times3}]^{\mathrm{T}}$。$\boldsymbol{F}_\Theta(x_\Theta)$ 为与飞行器姿态状态矢量有关的非线性函数并满足：

$$\boldsymbol{F}_\Theta(\boldsymbol{x}_\Theta)=\begin{bmatrix}\boldsymbol{0}_{3\times3} & \boldsymbol{I}_{3\times3} \\ \boldsymbol{0}_{3\times3} & -\boldsymbol{J}^{-1}\boldsymbol{c}(\boldsymbol{\Theta},\ \dot{\boldsymbol{\Theta}})\end{bmatrix}\boldsymbol{x}_\Theta \tag{8.2}$$

注释 8.1：由式(8.1)和式(8.2)可看出，四旋翼无人飞行器是一个受到外部干扰的非线性且耦合的系统。另外，在实际飞行中，无人飞行器每次任务所携带的载荷对其本身来说通常是未知的[116]，因此其某些动态参数如 $\bar{\boldsymbol{B}}_p$ 和 $\bar{\boldsymbol{B}}_\Theta$ 等也是未知的，这为最优控制器的设计带来了挑战。

本章要解决的问题是在非线性动态、耦合动态、外部干扰和动态参数未知等条件下，基于飞行器状态数据，针对无人飞行器设计最优控制器。下面将介绍一种基于强化学习的四旋翼鲁棒最优轨迹跟踪控制方法，其可在不基于飞行器模型的条件下，通过飞行器与环境的交互数据，学习得到最优控制策略。

8.3　强化学习鲁棒最优控制器设计

8.3.1　强化学习鲁棒最优位置控制器设计

令 $\boldsymbol{x}_{p0}=[\boldsymbol{p}_0^{\mathrm{T}} \quad \dot{\boldsymbol{p}}_0^{\mathrm{T}}]^{\mathrm{T}} \in \mathbf{R}^{6\times1}$ 表示跟踪信号状态矢量，则跟踪信号动态描述如下：

$$\dot{\boldsymbol{x}}_{p0}=\boldsymbol{F}_{p0}\boldsymbol{x}_{p0} \tag{8.3}$$

式中，$\boldsymbol{F}_{p0} \in \mathbf{R}^{6\times6}$ 为领导者动态矩阵。根据式(8.1)～式(8.3)，可得：

$$\dot{\boldsymbol{X}}_p=\bar{\boldsymbol{F}}_p\boldsymbol{X}_p+\boldsymbol{B}_{pu}\boldsymbol{u}_p-g\boldsymbol{c}_{12,6}+\bar{\boldsymbol{D}}_p\boldsymbol{\Delta}'_p \tag{8.4}$$

式中，$\boldsymbol{X}_p=[\boldsymbol{x}_p \quad \boldsymbol{x}_{p0}]^{\mathrm{T}} \in \mathbf{R}^{12}$；$\bar{\boldsymbol{F}}_p=\mathrm{diag}(\boldsymbol{F}_p,\ \boldsymbol{F}_{p0})$；$\boldsymbol{B}_{pu}=[\bar{\boldsymbol{B}}_p^{\mathrm{T}} \quad \boldsymbol{0}_{3\times6}]^{\mathrm{T}}$；$\bar{\boldsymbol{D}}_p=$

$[\boldsymbol{D}_p^{\mathrm{T}} \quad \boldsymbol{0}_{3\times6}]$。由式(8.4)可看到，干扰 $\boldsymbol{\Delta}'_p$ 会对飞行器动态产生影响，因此需要在控制器设计中对其加以抑制。为了设计鲁棒位置控制器以抑制干扰 $\boldsymbol{\Delta}'_p$ 的影响，定义以下干扰衰减条件：

$$\int_t^{\infty}(\boldsymbol{e}_p^{\mathrm{T}}\boldsymbol{Q}_p\boldsymbol{e}_p+\boldsymbol{u}_p^{\mathrm{T}}\boldsymbol{R}_p\boldsymbol{u}_p)\mathrm{d}\tau \leqslant \gamma_p^2\int_t^{\infty}\boldsymbol{\Delta}'^{\mathrm{T}}_p\boldsymbol{\Delta}'_p\mathrm{d}\tau \tag{8.5}$$

式中，$\boldsymbol{Q}_p>0$；$\boldsymbol{R}_p>0$；$\gamma_p\geqslant0$。式(8.5)表示干扰 $\boldsymbol{\Delta}'_p$ 对无人飞行器的影响程度能够被抑制到至少 γ_p 以下。根据式(8.5)，定义如下含干扰的性能函数：

$$\boldsymbol{V}_{pi}(\boldsymbol{e}_p,\boldsymbol{u}_p,\boldsymbol{\Delta}_p)=\int_t^{\infty}r(\boldsymbol{e}_p,\boldsymbol{u}_p,\boldsymbol{\Delta}_p)\mathrm{d}\tau \tag{8.6}$$

式中，$r(\boldsymbol{e}_p,\boldsymbol{u}_p,\boldsymbol{\Delta}_p)$ 表示奖励函数并满足 $r(\boldsymbol{e}_p,\boldsymbol{u}_p,\boldsymbol{\Delta}'_p)=\boldsymbol{e}_p^{\mathrm{T}}\boldsymbol{Q}_p\boldsymbol{e}_p+\boldsymbol{u}_p^{\mathrm{T}}\boldsymbol{R}_p\boldsymbol{u}_p-\gamma_p^2\boldsymbol{\Delta}_p^{\mathrm{T}}\boldsymbol{\Delta}_p$。本节在干扰 $\boldsymbol{\Delta}_p$ 的影响下设计最优控制量 $\boldsymbol{u}_p^*$ 的问题可以看作一个二人零和博弈问题。其中，设计最优控制量 $\boldsymbol{u}_p^*$ 的目的是使得性能函数 $\boldsymbol{V}_p$ 最小，而设计干扰 $\boldsymbol{\Delta}_p$ 的目的是使得性能函数 $\boldsymbol{V}_p$ 最大。通过对式(8.6)两端求导可得：

$$H(\boldsymbol{V}_p,\boldsymbol{u}_p,\boldsymbol{\Delta}_p)\equiv r(\boldsymbol{e}_p,\boldsymbol{u}_p,\boldsymbol{\Delta}_p)+\Delta\boldsymbol{V}_p^{\mathrm{T}}(\bar{\boldsymbol{F}}_p\boldsymbol{X}_p+\boldsymbol{B}_{pu}\boldsymbol{u}_p-g\boldsymbol{c}_{12,6}+\bar{\boldsymbol{D}}_p\boldsymbol{\Delta}_p)=0 \tag{8.7}$$

式中，$\Delta\boldsymbol{V}_p=\dfrac{\partial\boldsymbol{V}_p}{\partial\boldsymbol{X}_p}$。定义 $\boldsymbol{V}_p^*$ 为最优性能函数，则 $\boldsymbol{V}_p^*$ 满足 $\boldsymbol{V}_p^*=\min\limits_{\boldsymbol{u}_p}\max\limits_{\boldsymbol{\Delta}'_p}\int_t^{\infty}r(\boldsymbol{e}_p,\boldsymbol{u}_p,\boldsymbol{\Delta}_p)\mathrm{d}\tau$ 利用静态条件 $\dfrac{\partial H(\boldsymbol{V}_p^*,\boldsymbol{u}_p,\boldsymbol{\Delta}_p)}{\partial\boldsymbol{u}_p}=0$ 和 $\dfrac{\partial H(\boldsymbol{V}_p^*,\boldsymbol{u}_p,\boldsymbol{\Delta}_p)}{\partial\boldsymbol{\Delta}_p}=0$，可得最优位置控制输入 $\boldsymbol{u}_p^*$ 与干扰输入 $\boldsymbol{\Delta}_p^*$ 满足：

$$\begin{aligned}\boldsymbol{u}_p^*&=\frac{-\boldsymbol{R}_p^{-1}\boldsymbol{B}_{pu}^{\mathrm{T}}\Delta\boldsymbol{V}_p^*}{2}\\ \boldsymbol{\Delta}_p^*&=\frac{\bar{\boldsymbol{D}}_p^{\mathrm{T}}\Delta\boldsymbol{V}_p^*}{2\gamma_p^2}\end{aligned} \tag{8.8}$$

式中，$\boldsymbol{V}_p^*$ 为如下公式的解：

$$\begin{aligned}&H(\boldsymbol{V}_p^*,\boldsymbol{u}_p^*,\boldsymbol{\Delta}_p^*)\equiv\\ &\boldsymbol{e}_p^{\mathrm{T}}\boldsymbol{Q}_p\boldsymbol{e}_p-\frac{1}{4}(\Delta\boldsymbol{V}_p^*)^{\mathrm{T}}\boldsymbol{B}_{pu}\boldsymbol{R}_p^{-1}\boldsymbol{B}_{pu}^{\mathrm{T}}\Delta\boldsymbol{V}_p^*+\frac{1}{4\gamma_p^2}(\Delta\boldsymbol{V}_p^*)^{\mathrm{T}}\bar{\boldsymbol{D}}_p\bar{\boldsymbol{D}}_p^{\mathrm{T}}\Delta\boldsymbol{V}_p^*+\\ &(\Delta\boldsymbol{V}_p^*)^{\mathrm{T}}(\bar{\boldsymbol{F}}_p\boldsymbol{X}_p-g\boldsymbol{c}_{12,6})=0\end{aligned} \tag{8.9}$$

为了求解式(8.9)，首先设计基于模型的强化学习算法，如表 8.1 所示。由于表 8.1 中的强化学习算法需要无人飞行器完整且具有精确的动态模型，这在飞行器实际协同飞行中是不现实的。因此，下面将通过推导，得到不基于模型的强化学习算法。

表 8.1　干扰影响下基于无人飞行器模型的强化学习位置控制算法步骤

第一步(初始化)：定义 $\boldsymbol{V}_p^n$，$\boldsymbol{u}_p^n$，$\boldsymbol{\Delta}_p^n(n=1, 2, 3, \cdots)$ 为第 n 次迭代更新的策略。设置初始稳态控制量 $\boldsymbol{u}_p^0$ 和任意初始干扰 $\boldsymbol{\Delta}_p^0$。

第二步(策略评估)：

对任意的 $\boldsymbol{u}_p^n$ 和 $\boldsymbol{\Delta}_p^n$，针对以下贝尔曼方程求解性能函数 $\boldsymbol{V}_p^n$：

$$
\begin{aligned}
&H(\boldsymbol{V}_p^n, \boldsymbol{u}_p^n, \boldsymbol{\Delta}_p^n) \equiv \\
&r(\boldsymbol{e}_p, \boldsymbol{u}_p^n, \boldsymbol{\Delta}_p^n)+(\Delta \boldsymbol{V}_p^n)^{\mathrm{T}}(\bar{\boldsymbol{F}}_p \boldsymbol{X}_p+\boldsymbol{B}_{pu} \boldsymbol{u}_p^n-g \boldsymbol{c}_{12,6}+\bar{\boldsymbol{D}}_p \boldsymbol{\Delta}_p^n)=0
\end{aligned} \tag{8.10}
$$

第三步(策略优化)：

基于第二步得到的 $\boldsymbol{V}_p^n$，利用以下公式更新 $\boldsymbol{u}_p^{n+1}$ 和 $\boldsymbol{\Delta}_p^{n+1}$：

$$
\begin{aligned}
\boldsymbol{u}_p^{n+1} &= \frac{-\boldsymbol{R}_p^{-1} \boldsymbol{B}_{pu}^{\mathrm{T}} \Delta \boldsymbol{V}_p^n}{2} \\
\boldsymbol{\Delta}_p^{n+1} &= \frac{\bar{\boldsymbol{D}}_p^{\mathrm{T}} \Delta \boldsymbol{V}_p^n}{2 \gamma_p^2}
\end{aligned} \tag{8.11}
$$

迭代更新第二步与第三步，直到策略收敛。

首先改写式(8.4)如下：

$$
\dot{\boldsymbol{X}}_p=\bar{\boldsymbol{F}}_p \boldsymbol{X}_p+\boldsymbol{B}_{pu} \boldsymbol{u}_p^n+\bar{\boldsymbol{D}}_p \boldsymbol{\Delta}_p^n-g \boldsymbol{c}_{12,6}+\boldsymbol{B}_{pu}(\boldsymbol{u}_p-\boldsymbol{u}_p^n)+\bar{\boldsymbol{D}}_p(\boldsymbol{\Delta}_p'-\boldsymbol{\Delta}_p^n) \tag{8.12}
$$

根据式(8.6)、式(8.10)和式(8.12)，求导第 n 次迭代更新的 $\boldsymbol{V}_p^n$ 可得：

$$
\dot{\boldsymbol{V}}_p^n=-r(\boldsymbol{e}_p, \boldsymbol{u}_p^n, \boldsymbol{\Delta}_p^n)+(\Delta \boldsymbol{V}_p^n)^{\mathrm{T}}[\boldsymbol{B}_{pu}(\boldsymbol{u}_p-\boldsymbol{u}_p^n)+\bar{\boldsymbol{D}}_p(\boldsymbol{\Delta}_p'-\boldsymbol{\Delta}_p^n)] \tag{8.13}
$$

将式(8.11)代入式(8.13)可得：

$$
\dot{\boldsymbol{V}}_p^n=-r(\boldsymbol{e}_p, \boldsymbol{u}_p^n, \boldsymbol{\Delta}_p^n)-2(\boldsymbol{u}_p^{n+1})^{\mathrm{T}} \boldsymbol{R}_p(\boldsymbol{u}_p-\boldsymbol{u}_p^n)+2 \gamma_p^2(\boldsymbol{\Delta}_p^{n+1})^{\mathrm{T}}(\boldsymbol{\Delta}_p'-\boldsymbol{\Delta}_p^n) \tag{8.14}
$$

将式(8.14)在时间 $[t, t+T]$ 内积分可得到贝尔曼方程：

$$
\begin{aligned}
&\boldsymbol{V}_p^n[\boldsymbol{X}_p(t+T)]-\boldsymbol{V}_p^n[\boldsymbol{X}_p(t)]= \\
&-\int_t^{t+T} r(\boldsymbol{e}_p, \boldsymbol{u}_p^n, \boldsymbol{\Delta}_p^n) \mathrm{d}\tau+\int_t^{t+T} 2 \gamma_p^2(\boldsymbol{\Delta}_p^{n+1})^{\mathrm{T}}(\boldsymbol{\Delta}_p-\boldsymbol{\Delta}_p^n) \mathrm{d}\tau- \\
&\int_t^{t+T} 2(\boldsymbol{u}_p^{n+1})^{\mathrm{T}} \boldsymbol{R}_p(\boldsymbol{u}_p-\boldsymbol{u}_p^n) \mathrm{d}\tau
\end{aligned} \tag{8.15}
$$

贝尔曼方程[式(8.15)]中不含任何飞行器动态信息,因此可设计无模型的强化学习算法,如表 8.2 所示。表 8.2 中的无模型强化学习算法利用无人飞行器与环境交互的数据,在未知飞行器动态模型情况下,通过不断地迭代学习最终得到最优的控制策略。在利用表 8.2 中的无模型强化学习算法使飞行器学习最优位置控制策略时,可搭建三个神经网络,分别逼近 $\boldsymbol{V}_p^n$、$\boldsymbol{u}_p^{n+1}$ 和 $\boldsymbol{\Delta}_p^{n+1}$:

$$
\begin{aligned}
\hat{\boldsymbol{V}}_p^n(\boldsymbol{X}_p) &= \hat{\boldsymbol{W}}_{pv}\boldsymbol{\vartheta}_{pv}(\boldsymbol{X}_p) \\
\hat{\boldsymbol{u}}_p^{n+1}(\boldsymbol{X}_p) &= \hat{\boldsymbol{W}}_{pu}\boldsymbol{\vartheta}_{pu}(\boldsymbol{X}_p) \\
\hat{\boldsymbol{\Delta}}_p^{n+1}(\boldsymbol{X}_p) &= \hat{\boldsymbol{W}}_{p\Delta}\boldsymbol{\vartheta}_{p\Delta}(\boldsymbol{X}_p)
\end{aligned} \tag{8.16}
$$

式中,$\hat{\boldsymbol{V}}_p^n(\boldsymbol{X}_p)$、$\hat{\boldsymbol{u}}_p^{n+1}(\boldsymbol{X}_p)$、$\hat{\boldsymbol{\Delta}}_p^{n+1}(\boldsymbol{X}_p)$ 分别为 $\boldsymbol{V}_p^n$、$\boldsymbol{u}_p^{n+1}$ 和 $\boldsymbol{\Delta}_p^{n+1}$ 的逼近值;$\boldsymbol{\vartheta}_{pv}(\boldsymbol{X}_p)\in\mathbf{R}^{l_{p1}}$、$\boldsymbol{\vartheta}_{pu}(\boldsymbol{X}_p)\in\mathbf{R}^{l_{p2}}$、$\boldsymbol{\vartheta}_{p\Delta}(\boldsymbol{X}_p)\in\mathbf{R}^{l_{p3}}$ 为激励函数;$\hat{\boldsymbol{W}}_{pv}\in\mathbf{R}^{1\times l_{p1}}$、$\hat{\boldsymbol{W}}_{pu}\in\mathbf{R}^{3\times l_{p2}}$、$\hat{\boldsymbol{W}}_{p\Delta}\in\mathbf{R}^{3\times l_{p3}}$ 为参数矩阵;l_{p1}、l_{p2}、l_{p3} 为神经网络的维数。令 $\boldsymbol{\sigma}^{p1}=[\sigma_1^{p1}\quad\sigma_2^{p1}\quad\sigma_3^{p1}]^{\mathrm{T}}=\boldsymbol{u}_p-\boldsymbol{u}_p^n$,$\boldsymbol{\sigma}^{p2}=[\sigma_1^{p2}\quad\sigma_2^{p2}\quad\sigma_3^{p2}]^{\mathrm{T}}=\boldsymbol{\Delta}'_p-\boldsymbol{\Delta}_p^n$,$\boldsymbol{R}_p=\mathrm{diag}(r_{p1},r_{p2},r_{p3})$。

表 8.2　干扰影响下无模型的无人飞行器强化学习位置控制算法步骤

第一步(初始化):在给定干扰 $\boldsymbol{\Delta}'_p$ 的影响下,选定某一稳态控制量 $\boldsymbol{u}_p^0$ 和探索噪声 $\boldsymbol{u}_{pe}$,满足 $\boldsymbol{u}_p=\boldsymbol{u}_p^0+\boldsymbol{u}_{pe}$,并将其应用于无人飞行器位置控制,采集无人飞行器产生的数据。设置初始稳态控制量 $\boldsymbol{u}_p^0$ 和初始干扰 $\boldsymbol{\Delta}_p^0$。

第二步(策略评估):

对任意的 $\boldsymbol{u}_p^n$ 和 $\boldsymbol{\Delta}_p^n$,针对以下贝尔曼方程同时求解性能函数 $\boldsymbol{V}_p^n$、控制输入 $\boldsymbol{u}_p^{n+1}$ 和干扰输入 $\boldsymbol{\Delta}_p^{n+1}$:

$$
\begin{aligned}
&\boldsymbol{V}_p^n[\boldsymbol{X}_p(t+T)]-\boldsymbol{V}_p^n[\boldsymbol{X}_p(t)]= \\
&-\int_t^{t+T} r(\boldsymbol{e}_p,\boldsymbol{u}_p^n,\boldsymbol{\Delta}_p^n)\mathrm{d}\tau+\int_t^{t+T}2\gamma_p^2(\boldsymbol{\Delta}_p^{n+1})^{\mathrm{T}}(\boldsymbol{\Delta}_p-\boldsymbol{\Delta}_p^n)\mathrm{d}\tau- \\
&\int_t^{t+T}2(\boldsymbol{u}_p^{n+1})^{\mathrm{T}}\boldsymbol{R}_p(\boldsymbol{u}_p-\boldsymbol{u}_p^n)\mathrm{d}\tau
\end{aligned} \tag{8.17}
$$

第三步(策略优化):

令 $\boldsymbol{u}_p^n=\boldsymbol{u}_p^{n+1}$ 和 $\boldsymbol{\Delta}_p^n=\boldsymbol{\Delta}_p^{n+1}$ 并返回第二步,直到策略收敛。

将式(8.16)代入式(8.17)可得:

$$
\begin{aligned}
\hat{e}_p(t) =& \hat{\boldsymbol{W}}_{pv}\boldsymbol{\vartheta}_{pv}[\boldsymbol{X}_p(t+T)]-\hat{\boldsymbol{W}}_{pv}\boldsymbol{\vartheta}_{pv}[\boldsymbol{X}_p(t)]+ \\
& 2\sum_{m=1}^{3} r_{pm}\int_t^{t+T}\hat{\boldsymbol{W}}_{pum}\boldsymbol{\vartheta}_{pu}[\boldsymbol{X}_p(t)]\sigma_m^{p1}\mathrm{d}\tau-2\gamma_p^2\sum_{k=1}^{3}\int_t^{t+T}\hat{\boldsymbol{W}}_{p\Delta k}\boldsymbol{\vartheta}_{p\Delta}[\boldsymbol{X}_p(t)]\sigma_k^{p2}\mathrm{d}\tau+ \\
& \int_t^{t+T} r(\boldsymbol{e}_p,\boldsymbol{u}_p^n,\boldsymbol{\Delta}_p^n)\mathrm{d}\tau
\end{aligned} \tag{8.18}
$$

式中，$\hat{\boldsymbol{e}}_p(t)$ 为贝尔曼逼近误差；$\hat{\boldsymbol{W}}_{pum}$ 为 $\hat{\boldsymbol{W}}_{pu}$ 的第 m 个列矢量，$\hat{\boldsymbol{W}}_{p\Delta k}$ 为 $\hat{\boldsymbol{W}}_{p\Delta}$ 的第 k 个列矢量。根据文献[120]，在持续激励条件下，利用最小二乘法可令 $\hat{\boldsymbol{e}}_p(t)$ 最小化并求出参数矩阵 $\hat{\boldsymbol{W}}_{pv}$、$\hat{\boldsymbol{W}}_{pu}$ 和 $\hat{\boldsymbol{W}}_{p\Delta}$。

在得到控制量 $\boldsymbol{u}_p$ 之后，无人飞行器控制量 u_z、参考俯仰角 θ_r、参考滚转角 ϕ_r 可由式(8.19)得到：

$$
\begin{aligned}
u_z &= \frac{u_{pz}}{\cos\theta\cos\phi} \\
\phi_r &= \arcsin\left(\frac{\cos\phi\sin\theta\sin\psi - \dfrac{u_{py}}{u_z}}{\cos\psi}\right) \\
\theta_r &= \arcsin\left(\frac{\dfrac{u_{px}}{u_z} - \sin\phi\sin\psi}{\cos\psi\cos\phi}\right)
\end{aligned}
\tag{8.19}
$$

在飞行器实际飞行中，参考偏航角 ψ_r 一般设置为某一常数。下一节将设计最优姿态控制器以跟踪位置控制器生成的参考姿态信号（ϕ_r，θ_r，ψ_r）。

8.3.2 强化学习鲁棒最优姿态控制器设计

令 $\boldsymbol{\Theta}_r = [\phi_r \quad \theta_r \quad \psi_r]^{\mathrm{T}}$，则姿态跟踪误差 $\boldsymbol{e}_\Theta$ 满足 $\boldsymbol{e}_\Theta = \boldsymbol{\Theta} - \boldsymbol{\Theta}_r$。定义 $\boldsymbol{x}_{\Theta r} = [\boldsymbol{\Theta}_r \quad \dot{\boldsymbol{\Theta}}_r]^{\mathrm{T}} \in \mathbf{R}^{6\times 1}$ 为参考姿态矢量。则参考姿态动态可描述为

$$
\dot{\boldsymbol{x}}_{\Theta r} = \boldsymbol{F}_{\Theta r}(\boldsymbol{x}_{\Theta r}) \tag{8.20}
$$

式中，$\boldsymbol{F}_{\Theta r}(\boldsymbol{x}_{\Theta r})$ 为与姿态矢量 $\boldsymbol{x}_{\Theta r}$ 有关的未知非线性函数。由式(8.20)和式(8.1)可得：

$$
\dot{\boldsymbol{X}}_\Theta = \bar{\boldsymbol{F}}_\Theta(\boldsymbol{X}_\Theta) + \boldsymbol{B}_{\Theta u}\boldsymbol{u}_\Theta + \bar{\boldsymbol{D}}_\Theta \boldsymbol{\Delta}'_\Theta \tag{8.21}
$$

式中，$\boldsymbol{X}_\Theta = [\boldsymbol{x}_\Theta^{\mathrm{T}} \quad \boldsymbol{x}_{\Theta r}^{\mathrm{T}}]^{\mathrm{T}} \in \mathbf{R}^{12\times 1}$；$\bar{\boldsymbol{F}}_\Theta(\boldsymbol{X}_\Theta) = [\boldsymbol{F}_\Theta(\boldsymbol{x}_\Theta)^{\mathrm{T}} \quad \boldsymbol{F}_{\Theta r}(\boldsymbol{x}_{\Theta r})^{\mathrm{T}}]^{\mathrm{T}} \in \mathbf{R}^{12\times 1}$；$\boldsymbol{B}_{\Theta u} = [\bar{\boldsymbol{B}}_\Theta^{\mathrm{T}} \quad \boldsymbol{0}_{3\times 6}]^{\mathrm{T}}$；$\bar{\boldsymbol{D}}_\Theta = [\boldsymbol{D}_\Theta^{\mathrm{T}} \quad \boldsymbol{0}_{3\times 6}]^{\mathrm{T}}$。类似上一节的位置最优控制器设计过程，首先定义如下性能函数 $\boldsymbol{V}_\Theta$：

$$
\boldsymbol{V}_\Theta(\boldsymbol{e}_\Theta, \boldsymbol{u}_\Theta, \boldsymbol{\Delta}'_\Theta) = \int_t^\infty r(\boldsymbol{e}_\Theta, \boldsymbol{u}_\Theta, \boldsymbol{\Delta}'_\Theta)\mathrm{d}\tau \tag{8.22}
$$

式中，$r(\boldsymbol{e}_\Theta, \boldsymbol{u}_\Theta, \boldsymbol{\Delta}'_\Theta) = \boldsymbol{e}_\Theta^{\mathrm{T}}\boldsymbol{Q}_\Theta\boldsymbol{e}_\Theta + \boldsymbol{u}_\Theta^{\mathrm{T}}\boldsymbol{R}_\Theta\boldsymbol{u}_\Theta - \gamma_\Theta^2\boldsymbol{\Delta}'^{\mathrm{T}}_\Theta\boldsymbol{\Delta}'_\Theta$；$\boldsymbol{Q}_\Theta = \boldsymbol{Q}_\Theta^{\mathrm{T}} > 0$；$\boldsymbol{R}_\Theta = \boldsymbol{R}_\Theta^{\mathrm{T}} > 0$；$\gamma_\Theta \geqslant 0$。根据式(8.21)，对式(8.22)求导可得：

$$H_{\Theta}(\boldsymbol{V}_{\Theta}, \boldsymbol{u}_{\Theta}, \boldsymbol{\Delta}'_{\Theta}) \equiv r(\boldsymbol{e}_{\Theta}, \boldsymbol{u}_{\Theta}, \boldsymbol{\Delta}'_{\Theta}) + \Delta \boldsymbol{V}_{\Theta}^{\mathrm{T}}(\bar{\boldsymbol{F}}_{\Theta} + \boldsymbol{B}_{\Theta u}\boldsymbol{u}_{\Theta}) = 0 \quad (8.23)$$

式中，$\Delta \boldsymbol{V}_{\Theta} = \dfrac{\partial \boldsymbol{V}_{\Theta}}{\partial \boldsymbol{X}_{\Theta}}$。令 $\boldsymbol{V}_{\Theta}^{*}$ 表示姿态控制最优性能函数。由静态条件 $\dfrac{\partial H(\boldsymbol{V}_{\Theta}^{*}, \boldsymbol{u}_{\Theta}, \boldsymbol{\Delta}'_{\Theta})}{\partial \boldsymbol{u}_{\Theta}} = 0$ 和 $\dfrac{\partial H(\boldsymbol{V}_{\Theta}^{*}, \boldsymbol{u}_{\Theta}, \boldsymbol{\Delta}'_{\Theta})}{\partial \boldsymbol{\Delta}'_{\Theta}} = 0$ 可得最优控制量：

$$\begin{aligned} \boldsymbol{u}_{\Theta}^{*} &= -\frac{1}{2}\boldsymbol{R}_{\Theta}^{-1}\boldsymbol{B}_{\Theta u}^{\mathrm{T}}\Delta \boldsymbol{V}_{\Theta}^{*} \\ \boldsymbol{\Delta}_{\Theta}^{*} &= \frac{\bar{\boldsymbol{D}}_{\Theta}^{\mathrm{T}}\Delta \boldsymbol{V}_{\Theta}^{*}}{2\gamma_{\Theta}^{2}} \end{aligned} \quad (8.24)$$

式中，$\boldsymbol{V}_{\Theta}^{*}$ 为如下方程的解：

$$\begin{aligned} &H(\boldsymbol{V}_{\Theta}^{*}, \boldsymbol{u}_{\Theta}^{*}, \boldsymbol{\Delta}_{\Theta}^{*}) \equiv \\ &\boldsymbol{e}_{\Theta}^{\mathrm{T}}\boldsymbol{Q}_{\Theta}\boldsymbol{e}_{\Theta} - \frac{1}{4}(\Delta \boldsymbol{V}_{\Theta}^{*})^{\mathrm{T}}\boldsymbol{B}_{\Theta u}^{\mathrm{T}}\boldsymbol{R}_{\Theta}^{-1}\boldsymbol{B}_{\Theta u}\Delta \boldsymbol{V}_{\Theta}^{*} + (\Delta \boldsymbol{V}_{\Theta}^{*})^{\mathrm{T}}[\bar{\boldsymbol{F}}_{\Theta}(\boldsymbol{X}_{\Theta}) + \boldsymbol{B}_{\Theta u}\boldsymbol{u}_{\Theta} + \bar{\boldsymbol{D}}_{\Theta}\boldsymbol{\Delta}'_{\Theta}] + \\ &\frac{1}{4\gamma_{\Theta}^{2}}(\Delta \boldsymbol{V}_{\Theta}^{*})^{\mathrm{T}}\bar{\boldsymbol{D}}_{\Theta}\bar{\boldsymbol{D}}_{\Theta}^{\mathrm{T}}\Delta \boldsymbol{V}_{\Theta}^{*} = 0 \end{aligned} \quad (8.25)$$

传统最优控制中，式(8.25)相对于 $\boldsymbol{V}_{\Theta}^{*}$ 为非线性方程且在求解过程中需要精确的无人飞行器姿态动态信息，这在实际应用当中是不现实的。因此，类似于位置控制器的设计过程，本节设计不基于模型的姿态控制强化学习算法，如表 8.3 所示。

表 8.3　干扰影响下无模型的无人飞行器强化学习姿态控制算法步骤

第一步(初始化)：在给定干扰 $\boldsymbol{\Delta}'_{\Theta}$ 的影响下，选定某一稳态控制量 $\boldsymbol{u}_{\Theta}^{0}$ 和探索噪声 $\boldsymbol{u}_{\Theta e}$，满足 $\boldsymbol{u}_{\Theta} = \boldsymbol{u}_{\Theta}^{0} + \boldsymbol{u}_{\Theta e}$，并将其应用于无人飞行器姿态控制，采集无人飞行器产生的数据。设置初始稳态控制量 $\boldsymbol{u}_{\Theta}^{0}$ 和初始干扰 $\boldsymbol{\Delta}_{\Theta}^{0}$。

第二步(策略评估)：

对任意的 $\boldsymbol{u}_{\Theta}^{n}$ 和 $\boldsymbol{\Delta}_{\Theta}^{n}$，针对以下贝尔曼方程同时求解性能函数 $\boldsymbol{V}_{\Theta}^{n}$、控制输入 $\boldsymbol{u}_{\Theta}^{n+1}$ 和干扰输入 $\boldsymbol{\Delta}_{\Theta}^{n+1}$：

$$\begin{aligned} &\boldsymbol{V}_{\Theta}^{n}[\boldsymbol{X}_{\Theta}(t+T)] - \boldsymbol{V}_{\Theta}^{n}[\boldsymbol{X}_{\Theta}(t)] = \\ &-\int_{t}^{t+T} r(\boldsymbol{e}_{\Theta}, \boldsymbol{u}_{\Theta}^{n}, \boldsymbol{\Delta}_{\Theta}^{n})\mathrm{d}\tau - \int_{t}^{t+T} 2(\boldsymbol{u}_{\Theta}^{n+1})^{\mathrm{T}}\boldsymbol{R}_{\Theta}(\boldsymbol{u}_{\Theta} - \boldsymbol{u}_{\Theta}^{n})\mathrm{d}\tau + \\ &\int_{t}^{t+T} 2\gamma_{\Theta}^{2}(\boldsymbol{\Delta}_{\Theta}^{n+1})^{\mathrm{T}}(\boldsymbol{\Delta}'_{\Theta} - \boldsymbol{\Delta}_{\Theta}^{n})\mathrm{d}\tau \end{aligned} \quad (8.26)$$

第三步(策略优化)：

令 $\boldsymbol{u}_{\Theta}^{n} = \boldsymbol{u}_{\Theta}^{n+1}$ 和 $\boldsymbol{\Delta}_{\Theta}^{n} = \boldsymbol{\Delta}_{\Theta}^{n+1}$ 并返回第二步，直到策略收敛。

类似地，可搭建三个神经网络，分别逼近 $\boldsymbol{u}_{\Theta}^{n+1}$、$\boldsymbol{\Delta}_{\Theta}^{n+1}$ 和 $\boldsymbol{V}_{\Theta}^{n}$，并应用最小二乘法更新神经网络权重以学习姿态最优控制策略。

8.4　最优逼近性分析

表 8.1 中所提出的强化学习算法中策略 $(\boldsymbol{V}_p^n, \boldsymbol{u}_p^n, \boldsymbol{\Delta}_p^n)$ 向最优策略 $(\boldsymbol{V}_p^*, \boldsymbol{u}_p^*, \boldsymbol{\Delta}_p^*)$ 的最优逼近性可由文献[121]中的方法证明。下面将在定理 8.1 中证明，表 8.2 中的无模型强化学习算法与表 8.1 中基于模型的强化学习算法是等效的，即两者具有相同的最优逼近性。

定理 8.1： 令 $\boldsymbol{V}_p^n(0)=0$，$(\boldsymbol{V}_p^n, \boldsymbol{u}_p^{n+1}, \boldsymbol{\Delta}_p^{n+1})$ 为表 8.2 中贝尔曼方程[式(8.17)]的解，当且仅当 $(\boldsymbol{V}_p^n, \boldsymbol{u}_p^{n+1}, \boldsymbol{\Delta}_p^{n+1})$ 为表 8.1 中式(8.10)和式(8.11)的解时，表 8.2 中无模型强化学习算法与表 8.1 中基于模型的强化学习算法等效。

证明： 根据表 8.1 中的式(8.10)和式(8.11)，通过对表 8.2 中贝尔曼方程[式(8.17)]求导可看到，若 $(\boldsymbol{V}_p^n, \boldsymbol{u}_p^{n+1}, \boldsymbol{\Delta}_p^{n+1})$ 为表 8.1 中式(8.10)和式(8.11)的解，则其同时也是表 8.2 中式(8.17)的解。下面将用反证法证明 $(\boldsymbol{V}_p^n, \boldsymbol{u}_p^{n+1}, \boldsymbol{\Delta}_p^{n+1})$ 为式(8.17)的唯一解。

从表 8.2 中的贝尔曼方程[式(8.17)]可得：

$$\frac{\mathrm{d}(\boldsymbol{V}_p^n)}{\mathrm{d}t}=-r(\boldsymbol{e}_p, \boldsymbol{u}_p^n, \boldsymbol{\Delta}_p^n)+2\gamma_p^2(\boldsymbol{\Delta}_p^{n+1})^{\mathrm{T}}(\boldsymbol{\Delta}'_p-\boldsymbol{\Delta}_p^n)-2(\boldsymbol{u}_p^{n+1})^{\mathrm{T}}\boldsymbol{R}_p(\boldsymbol{u}_p-\boldsymbol{u}_p^n) \tag{8.27}$$

假定 $(\boldsymbol{V}_{p2}^n, \boldsymbol{u}_{p2}^{n+1}, \boldsymbol{\Delta}_{p2}^{n+1})$ 为表 8.2 中式(8.17)的另外一个解，则可得：

$$\frac{\mathrm{d}(\boldsymbol{V}_{p2}^n)}{\mathrm{d}t}=-r(\boldsymbol{e}_p, \boldsymbol{u}_p^n, \boldsymbol{\Delta}_p^n)+2\gamma_p^2(\boldsymbol{\Delta}_{p2}^{n+1})^{\mathrm{T}}(\boldsymbol{\Delta}'_p-\boldsymbol{\Delta}_p^n)-2(\boldsymbol{u}_{p2}^{n+1})^{\mathrm{T}}\boldsymbol{R}_p(\boldsymbol{u}_p-\boldsymbol{u}_p^n) \tag{8.28}$$

由式(8.27)和式(8.28)可得：

$$\frac{\mathrm{d}(\boldsymbol{V}_p^n-\boldsymbol{V}_{p2}^n)}{\mathrm{d}t}=2\gamma_p^2(\boldsymbol{\Delta}_p^{n+1}-\boldsymbol{\Delta}_{p2}^{n+1})^{\mathrm{T}}(\boldsymbol{\Delta}'_p-\boldsymbol{\Delta}_p^n)-2(\boldsymbol{u}_p^{n+1}-\boldsymbol{u}_{p2}^{n+1})^{\mathrm{T}}\boldsymbol{R}_p(\boldsymbol{u}_p-\boldsymbol{u}_p^n) \tag{8.29}$$

式(8.29)对任意 $\boldsymbol{u}_p$ 和 $\boldsymbol{\Delta}'_p$ 均成立。选取 $\boldsymbol{u}_p=\boldsymbol{u}_p^n$ 和 $\boldsymbol{\Delta}'_p=\boldsymbol{\Delta}_p^n$ 可得：

$$\frac{\mathrm{d}(\boldsymbol{V}_p^n - \boldsymbol{V}_{p2}^n)}{\mathrm{d}t} = 0 \tag{8.30}$$

由式(8.30)可得到 $\boldsymbol{V}_p^n - \boldsymbol{V}_{p2}^n = c$，其中 c 为常数且满足 $c = \boldsymbol{V}_p^n(0) - \boldsymbol{V}_{p2}^n(0) = 0$。因此，可得 $\boldsymbol{V}_p^n = \boldsymbol{V}_{p2}^n$。从式(8.29)可得：

$$2\gamma_p^2(\boldsymbol{\Delta}_p^{n+1} - \boldsymbol{\Delta}_{p2}^{n+1})^{\mathrm{T}}(\boldsymbol{\Delta}'_p - \boldsymbol{\Delta}_p^n) - 2(\boldsymbol{u}_p^{n+1} - \boldsymbol{u}_{p2}^{n+1})^{\mathrm{T}}\boldsymbol{R}_p(\boldsymbol{u}_p - \boldsymbol{u}_p^n) = 0 \tag{8.31}$$

由于式(8.31)对任意 $\boldsymbol{u}_p$ 和 $\boldsymbol{\Delta}'_p$ 均成立，可得 $\boldsymbol{u}_p^{n+1} = \boldsymbol{u}_{p2}^{n+1}$ 和 $\boldsymbol{\Delta}_p^{n+1} = \boldsymbol{\Delta}_{p2}^{n+1}$。因此可知，$(\boldsymbol{V}_{p2}^n, \boldsymbol{u}_{p2}^{n+1}, \boldsymbol{\Delta}_{p2}^{n+1})$ 既是表 8.1 中式(8.10)和式(8.11)的解，也是表 8.2 中贝尔曼方程[式(8.17)]的唯一解。因此，定理 8.1 成立。同理可证表 8.3 中无模型强化学习具有最优逼近性。

8.5　仿真结果

为了验证所提出的协同控制策略的有效性，首先搭建了一个包含三个四旋翼无人飞行器协同飞行的虚拟仿真系统，为强化学习算法提供系统数据和验证环境。飞行器按照式(8.1)建模，系统参数设置如下：$g = 9.81\ \mathrm{m/s^2}$，$\boldsymbol{B}_p = \mathrm{diag}(1, 1, 1)$，$\boldsymbol{J} = \mathrm{diag}(4, 4, 8.4) \times 10^{-3}\ \mathrm{kg \cdot m^2}$，$\boldsymbol{B}_\Theta = \mathrm{diag}(41.07, 41.24, 113.51)$。外部干扰设置如下：$\boldsymbol{\Delta}'_\Theta = (-1)^i[\sin t \quad \cos t \quad \sin t]^{\mathrm{T}}$，$\boldsymbol{\Delta}'_p = (-1)^i[0.1\sin t \quad 0.1\cos t \quad 0.1\sin t]^{\mathrm{T}}$。值得注意的是，在虚拟系统中的飞行器动态对所设计的控制算法来说是未知的，因此需要利用强化学习算法来学习得出最优策略。应用表 8.2 和表 8.3 中的强化学习算法并设置参数如下：$\boldsymbol{Q}_p = 15\boldsymbol{I}_{6\times6}$，$\boldsymbol{R}_p = \boldsymbol{I}_{3\times3}$，$\gamma_p^2 = 3$，$\boldsymbol{Q}_\Theta = 100\boldsymbol{I}_{6\times6}$，$\boldsymbol{R}_\Theta = \boldsymbol{I}_{3\times3}$，$\gamma_\Theta^2 = 5$，$T = 0.05\ \mathrm{s}$。策略的激励函数设置为与飞行器状态量有关的多项式。参考信号设置为匀速直线运动，其动态为 $\boldsymbol{F}_{p0} = [\boldsymbol{0}_{6\times3} \quad \boldsymbol{c}_{6,1} \quad \boldsymbol{c}_{6,2} \quad \boldsymbol{c}_{6,3}]$，初始位置设置为 $\boldsymbol{p}_0(0) = \boldsymbol{0}_{3\times1}\ \mathrm{m}$，$\dot{\boldsymbol{p}}_0(0) = [1 \quad 2 \quad 1]^{\mathrm{T}}\ \mathrm{m/s}$。四旋翼位置初始化为 $\boldsymbol{p}(0) = [6 \quad 6 \quad 1.5]^{\mathrm{T}}\ \mathrm{m}$，$\dot{\boldsymbol{\Theta}}(0) = \boldsymbol{0}_{3\times1}$。为了获得飞行器系统状态数据，首先将一种粗调的传统比例微分(PD)控制器作为初始稳态控制器并应用在飞行器上，其位置响应曲线和姿态响应曲线如图 8.1 和图 8.2 所示。图 8.3 和图 8.4 示出了飞行器姿态跟踪误差曲线和位置跟踪误差曲线。将初始稳态控制量应用到无人飞行器，并将探索噪声设置为多个正弦信号的叠加。采集系统数据，应用表 8.2 和表 8.3 中基于强化

学习的控制算法学习鲁棒最优控制策略，强化学习算法收敛性如图 8.5 所示。从图 8.5 中可以看到，神经网络参数在迭代 4 次后收敛。将学习到的鲁棒最优控制策略应用到无人飞行器中，其位置响应曲线如图 8.6 所示，姿态响应曲线如图 8.7 所示。图 8.8 为无人飞行器姿态跟踪误差曲线，图 8.9 为无人飞行器位置跟踪误差曲线。从图 8.6～图 8.9 中可以看到，三个无人飞行器成功实现同时跟踪领导者和形成编队队形的任务。

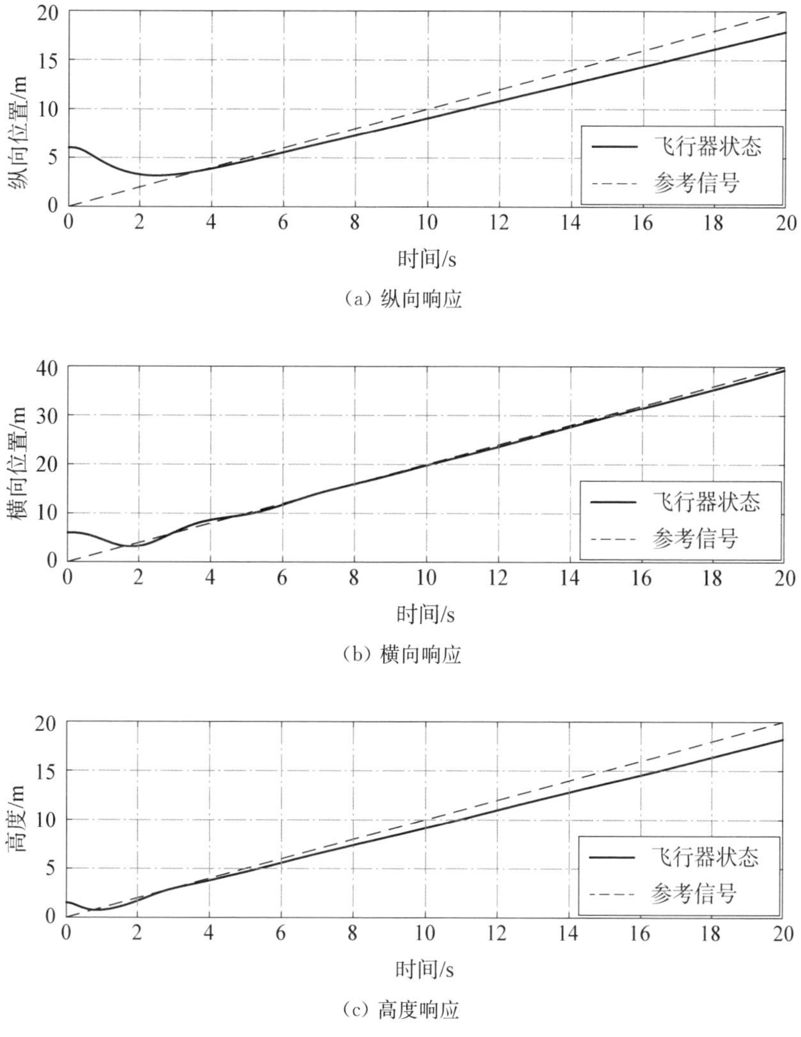

图 8.1　应用初始稳态控制器的无人飞行器位置响应曲线

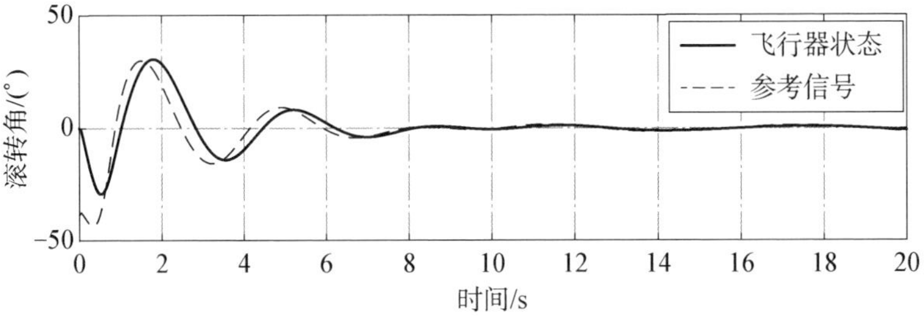

(a) 滚转响应

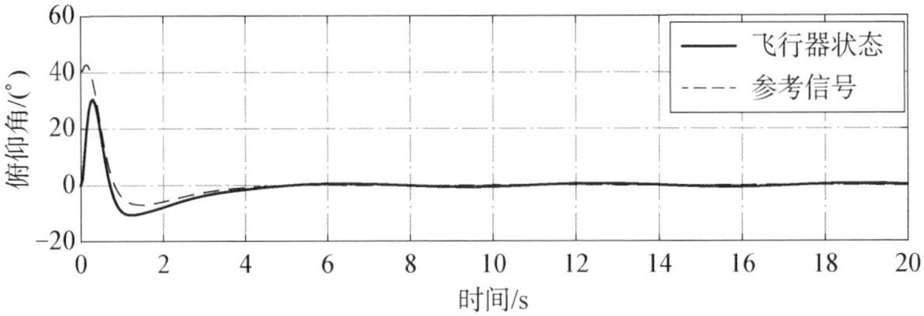

(b) 俯仰响应

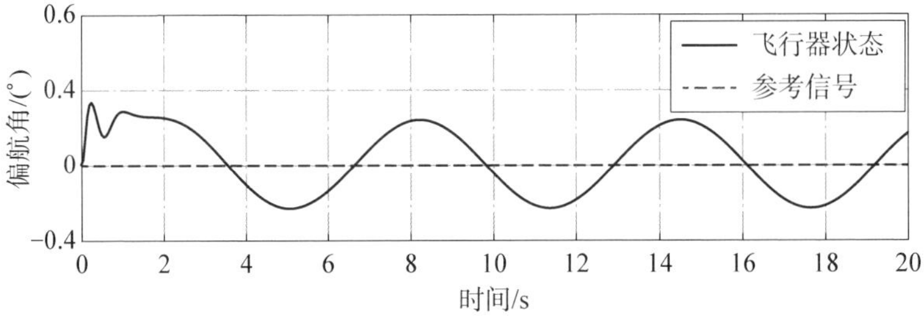

(c) 偏航响应

图 8.2 应用初始稳态控制器的无人飞行器姿态响应曲线

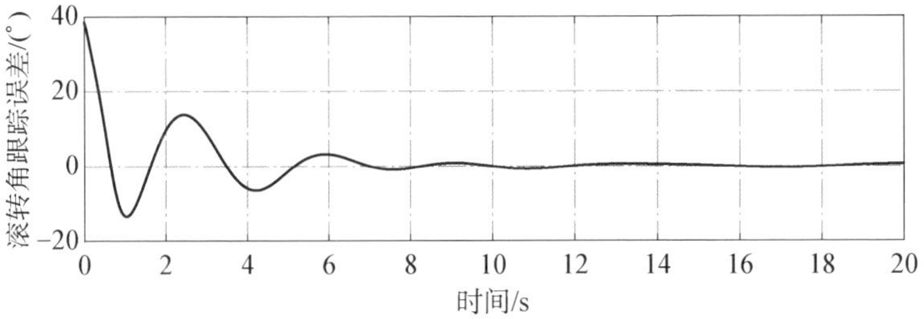

(a) 滚转角跟踪误差

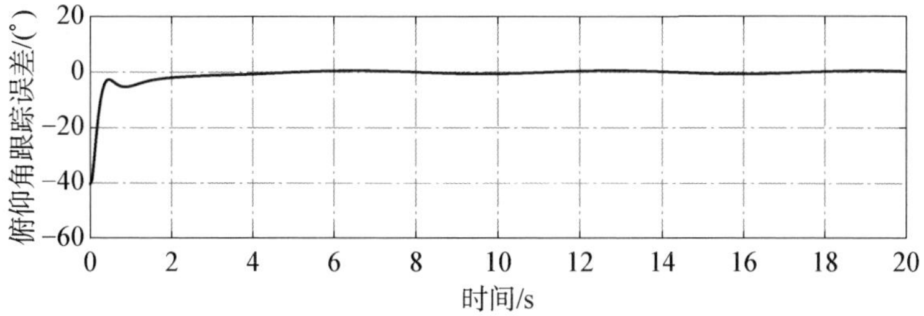

(b) 俯仰角跟踪误差

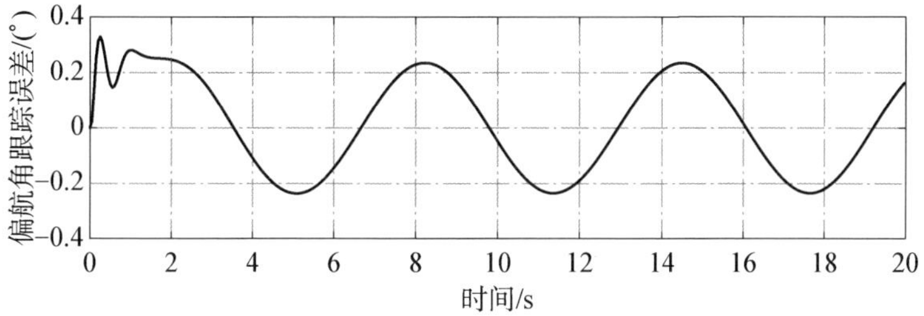

(c) 偏航角跟踪误差

图 8.3　应用初始稳态控制器的无人飞行器姿态跟踪误差曲线

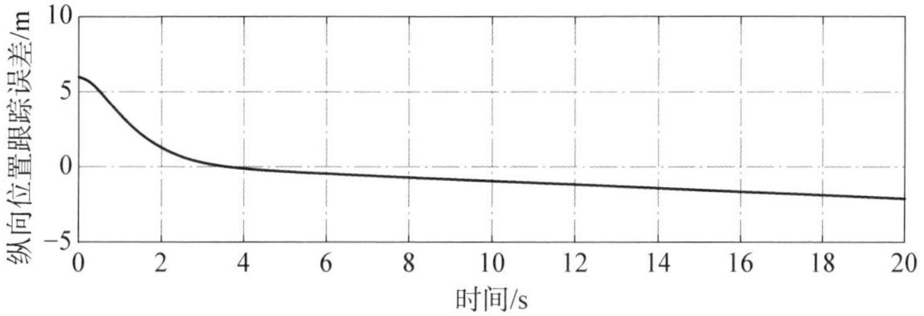

(a) 纵向位置跟踪误差

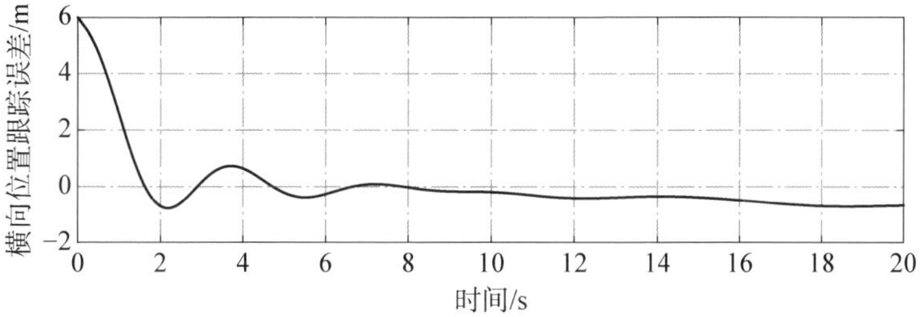

(b) 横向位置跟踪误差

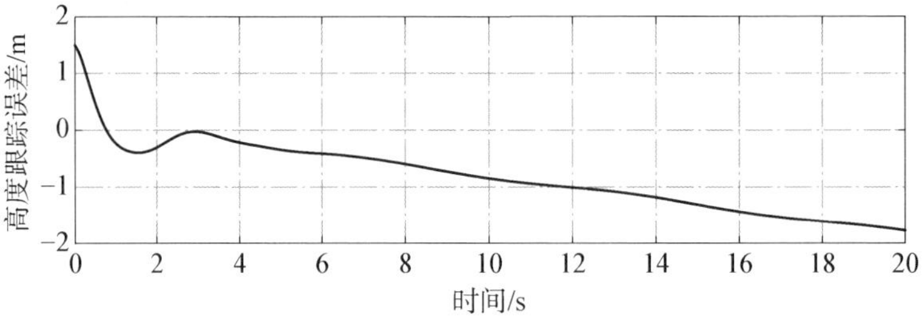

（c）高度跟踪误差

图 8.4　应用初始稳态控制器的无人飞行器位置跟踪误差曲线

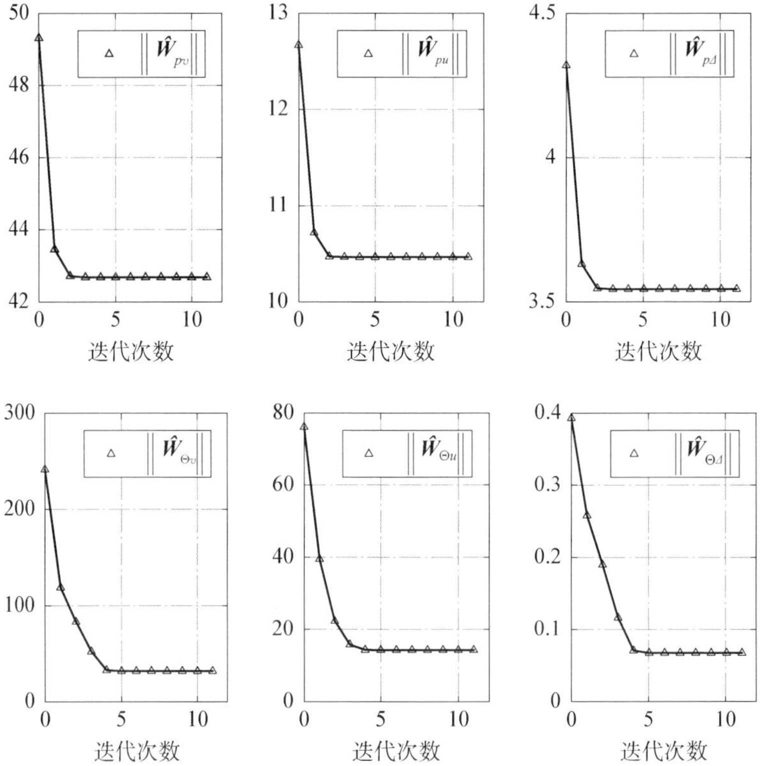

图 8.5　表 8.2 和表 8.3 中强化学习算法收敛性

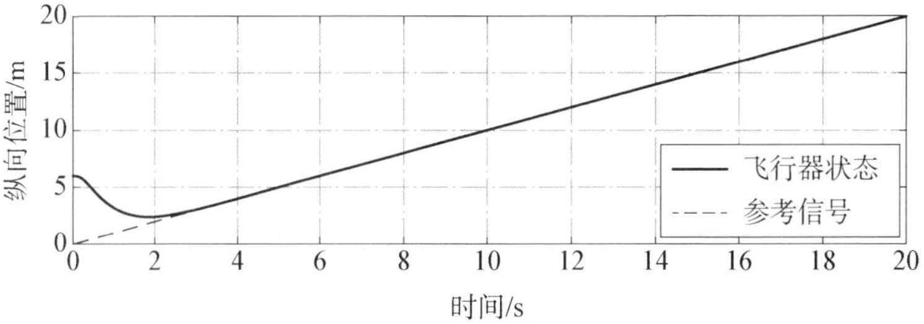

（a）纵向响应

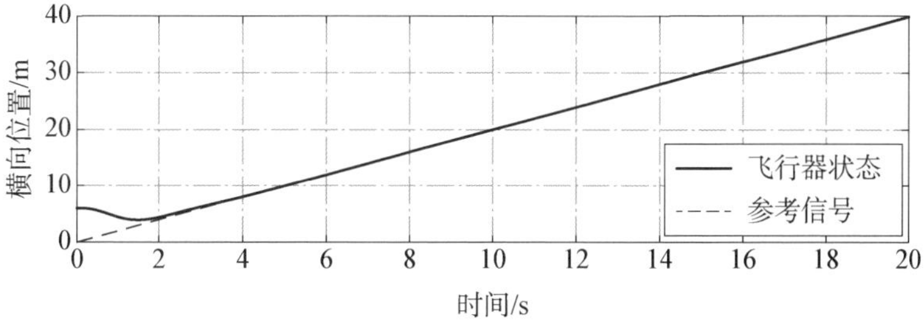

（b）横向响应

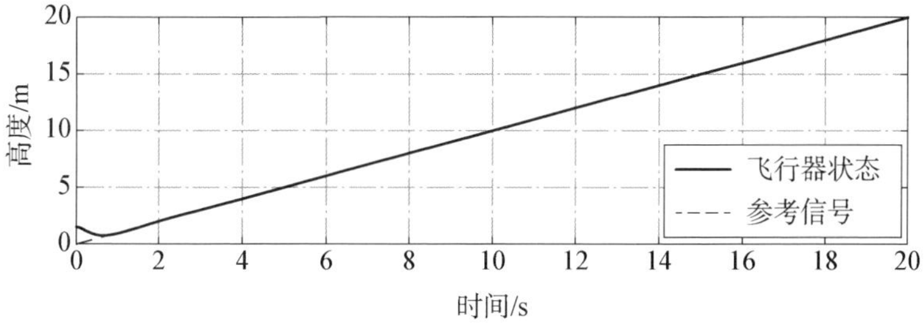

（c）高度响应

图 8.6　基于强化学习鲁棒最优控制算法的无人飞行器位置响应曲线

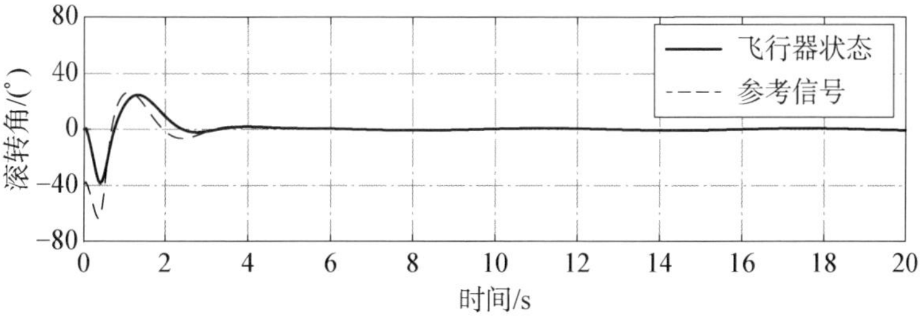

（a）滚转响应

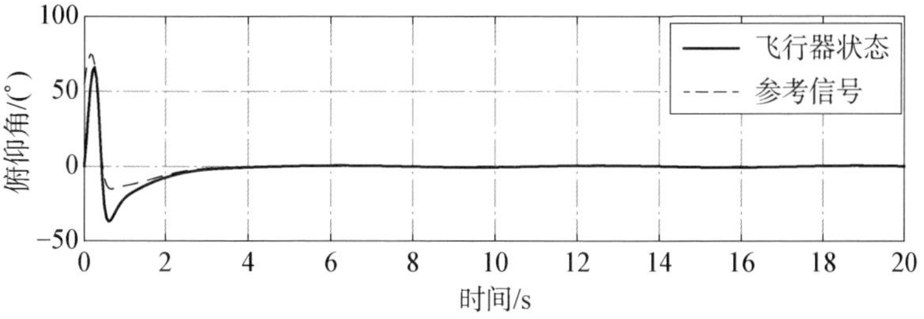

（b）俯仰响应

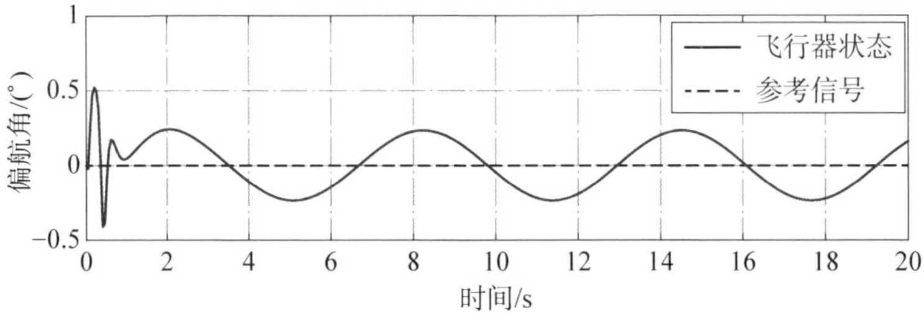

(c) 偏航响应

图 8.7 基于强化学习鲁棒最优控制算法的无人飞行器姿态响应曲线

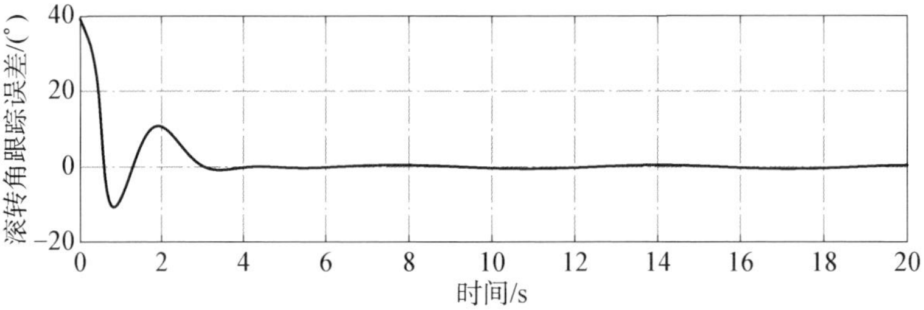

(a) 滚转角跟踪误差

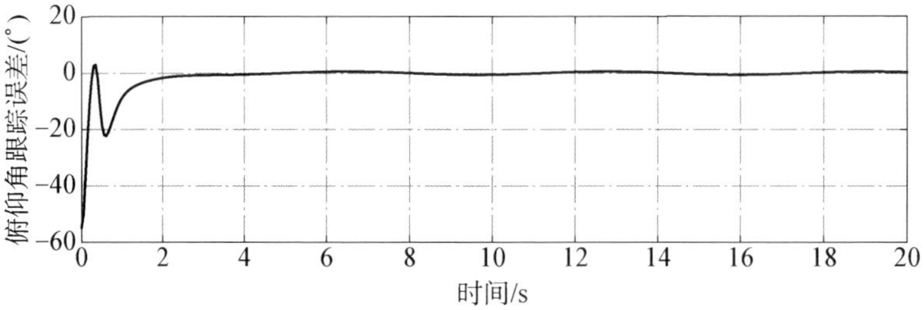

(b) 俯仰角跟踪误差

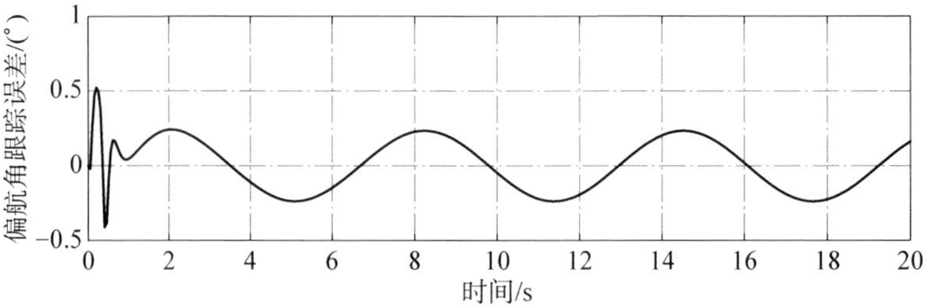

(c) 偏航角跟踪误差

图 8.8 基于强化学习鲁棒最优控制算法的无人飞行器姿态跟踪误差曲线

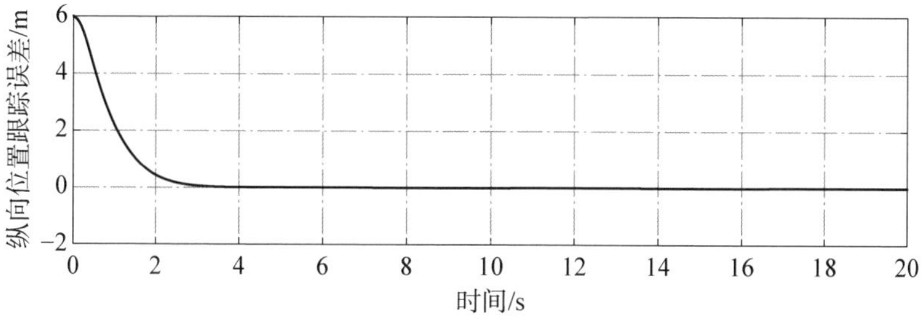

(a) 纵向位置跟踪误差

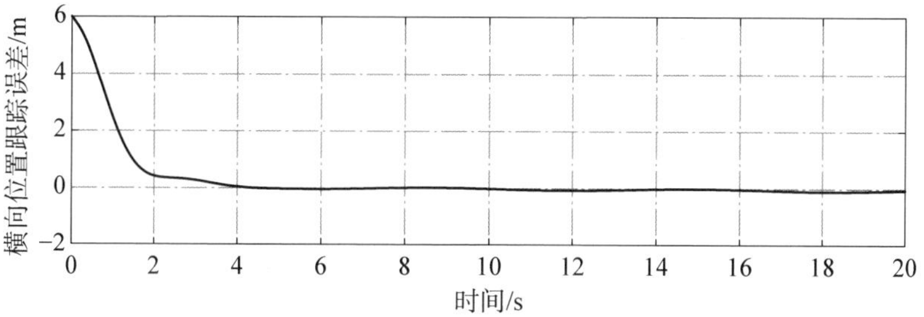

(b) 横向位置跟踪误差

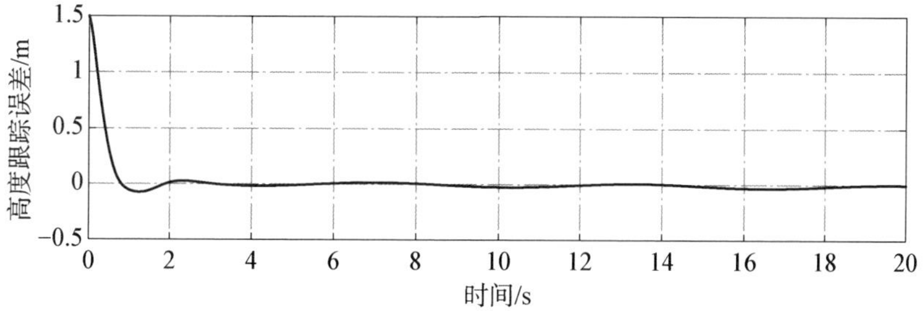

(c) 高度跟踪误差

图 8.9　基于强化学习鲁棒最优控制算法的无人飞行器位置跟踪误差曲线

通过对比图 8.3 和图 8.4 以及图 8.8 和图 8.9 可看出，利用一个非最优初始稳态控制量产生的系统数据，通过表 8.2 和表 8.3 中的强化算法进行控制策略学习，可以明显改善无人飞行器控制策略的性能，证实了所设计的控制算法的有效性。

8.6　本章小结

本章将无人飞行器考虑为一个受未知动态参数和外部干扰影响的高非线

性、强耦合的系统。在外部干扰影响下，设计四旋翼鲁棒最优位置控制器和鲁棒最优姿态控制器；提出基于模型的强化学习算法和无模型的强化学习算法并证明了两者的等效性；将无模型强化学习算法应用于四旋翼无人飞行器控制，利用其与环境交互的数据，在不基于无人飞行器模型的条件下，实时学习最优控制策略；最后给出对比仿真，验证所提出算法的有效性。

参考文献

[1] 吴建德. 基于频域辨识的微小型无人直升机的建模与控制研究[D]. 杭州:浙江大学,2007.

[2] 王宏强. 旋翼/涵道风扇式无人直升机飞行控制若干问题研究[D]. 南京:南京航空航天大学,2009.

[3] 国际空中机器人大赛[EB/OL]. [2016-12-09]. https://iarc.buaa.edu.cn/gyds_en.htm.

[4] Hoffmann G M, Huang H M, Waslander S L, et al. Quadrotor helicopter flight dynamics and control: theory and experiment[C]//AIAA Guidance, Navigation, and Control Conference and Exhibit, Hilton Head:2007.

[5] 王冠林,史海庆,谭洪胜,等. 旋翼空中机器人系统架构及设计[J]. 计算机工程与应用,2010,46(27):66-69.

[6] 王小青. 无人直升机建模与控制技术研究[D]. 南京:南京航空航天大学,2009.

[7] 郭润夏. 基于非线性模型的无人直升机自动飞行控制方法研究[D]. 天津:天津大学,2011.

[8] 宋宝泉. 小型无人直升机非线性建模与控制算法研究[D]. 长沙:国防科学技术大学,2010.

[9] Song B Q, Mills J K, Huang H B, et al. Nonlinear robust control of a small-scale helicopter on a test bench[J]. International Journal of Control, 2010,83(4):761-775.

[10] 王树刚. 四旋翼直升机控制问题研究[D]. 哈尔滨:哈尔滨工业大学,2006.

[11] 黄溪流. 一种四旋翼无人直升机飞行控制器的设计[D]. 南京:南京理工大学,2010.

[12] 王赓,盛焕烨,吕恬生,等. "天行者"小型无人直升机自主飞行控制系统设计[J]. 航空学报,2008(S1):170-177.

[13] 高同跃. 超小型无人直升机飞控系统及自主滞空飞行的研究[D]. 上海:上海大学,2008.

[14] 冯伟. 超小型无人直升机飞行姿态的鲁棒控制研究[D]. 上海:上海大学,2009.

[15] 郭庆. 小型无人旋翼飞行平台的研制及关键技术研究[D]. 西安:西北工业大学,2007.

[16] Song D L, Qi J T, Han J D, et al. Active model based predictive control for unmanned helicopter in full flight envelope[C]//2010 IEEE/RSJ International Conference on Intelligent Robots and Systems, Taipei:2010.

[17] Koo T J, Sastry S. Output tracking control design of a helicopter model based on approximate linearization[C]//The 37th IEEE Conference on Decision and Control, Tampa:1998.
[18] Isidori A, Marconi L, Serrani A. Robust nonlinear motion control of a helicopter [J]. IEEE Transactions on Automatic Control, 2003,48(3):413-426.
[19] Marconi L, Naldi R. Robust full degree-of-freedom tracking control of a helicopter [J]. Automatica, 2007,43(11):1909-1920.
[20] Cai G W, Chen B M, Peng K M, et al. Modeling and control of the yaw channel of a UAV helicopter[J]. IEEE Transactions on Industrial Electronics, 2008,55(9):3426-3434.
[21] Peng K M, Cai G W, Chen B W, et al. Design and implementation of an autonomous flight control law for a UAV helicopter[J]. Automatica, 2009,45(10):2333-2338.
[22] Cai G W, Chen B W, Dong X X, et al. Design and implementation of a robust and nonlinear flight control system for an unmanned helicopter[J]. Mechatronics, 2011,21(5):803-820.
[23] Kadmiry B, Driankov D. A fuzzy gain-scheduler for the attitude control of an unmanned helicopter[J]. IEEE Transactions on Fuzzy Systems, 2004,12(4):502-515.
[24] Tao C W, Taur J S, Chen Y C. Design of a parallel distributed fuzzy LQR controller for the twin rotor multi-input multi-output system[J]. Fuzzy Sets and Systems, 2010,161(15):2081-2103.
[25] Yoneyama J. Robust H_∞ control of uncertain fuzzy systems under time-varying sampling[J]. Fuzzy Sets and Systems, 2010,161(6):859-871.
[26] Huang Y J, Kuo T C, Way H T. Robust vertical takeoff and landing aircraft control via integral sliding mode[J]. IEEE Proceedings-Control Theory and Applications, 2003, 150(4):383-388.
[27] Xu Y J. Multi-timescale nonlinear robust control for a miniature helicopter[J]. IEEE Transactions on Aerospace and Electronic Systems, 2010,46(2):656-671.
[28] Besnard L, Shtessel Y B, Landrum B. Quadrotor vehicle control via sliding mode controller driven by sliding mode disturbance observer[J]. Journal of the Franklin Institute, 2012,349(2):658-684.
[29] Ferreira de Loza A, Ríos H, Rosales A. Robust regulation for a 3-DOF helicopter via sliding-mode observation and identification[J]. Journal of the Franklin Institute, 2012, 349(2):700-718.
[30] Bogdanov A, Wan E. State-dependent Riccati equation control for small autonomous helicopters[J]. Journal of Guidance, Control, and Dynamics, 2007,30(1):47-60.
[31] Kutay A T, Calise A J, Idan M, et al. Experimental results on adaptive output feedback control using a laboratory model helicopter[J]. IEEE Transactions on Control Systems Technology, 2005,13(2):196-202.
[32] Johnson E N, Kannan S K. Adaptive trajectory control for autonomous helicopters [J]. Journal of Guidance, Control, and Dynamics, 2005,28(3):524-538.
[33] Ishitobi M, Nishi M, Nakasaki K. Nonlinear adaptive model following control for a 3-

DOF tandem-rotor model helicopter[J]. Control Engineering Practice, 2010, 18(8): 936 - 943.

[34] Takahashi M D. Synthesis and evaluation of an H_2 control law for a hovering helicopter [J]. Journal of Guidance, Control, and Dynamics, 1993, 16(3): 579 - 584.

[35] Smerlas A J, Walker D J, Postlethwaite I, et al. Evaluating H_∞ controllers on the NRC Bell 205 fly-by-wire helicopter[J]. Control Engineering Practice, 2001, 9(1): 1 - 10.

[36] Walker D J. Multivariable control of the longitudinal and lateral dynamics of a fly-by-wire helicopter[J]. Control Engineering Practice, 2003, 11(7): 781 - 795.

[37] Luo C C, Liu R F, Yang C D, et al. Helicopter H_∞ control design with robust flying quality[J]. Aerospace Science and Technology, 2003, 7(2): 159 - 169.

[38] Prempain E, Postlethwaite I. Static H_∞ loop shaping control of a fly-by-wire helicopter [J]. Automatica, 2005, 41(9): 1517 - 1528.

[39] Trentini M, Pieper J K. Mixed norm control of a helicopter[J]. Journal of Guidance, Control, and Dynamics, 2001, 24(3): 555 - 565.

[40] 王伟,吴昊,刘鸿勋,等.基于深度强化学习的无人机姿态控制器设计[J].科学技术与工程,2023,23(34):14888 - 14895.

[41] 饶颖露,邢金昊,张恒,等.基于视觉的无人机板载自主实时精确着陆系统[J].计算机工程,2021(10):290 - 297.

[42] 付宇鹏,邓向阳,何明,等.基于强化学习的固定翼飞机姿态控制方法[J].控制与决策,2023,38(9):2505 - 2510.

[43] 鲜斌,张诗婧,韩晓薇,等.基于强化学习的无人机吊挂负载系统轨迹规划[J].吉林大学学报(工学版),2021,51(6):2259 - 2267.

[44] 杨加秀,李新凯,张宏立,等.基于积分强化学习的四旋翼无人机鲁棒跟踪[J].兵工学报,2023,44(9):2802 - 2813.

[45] Lara D, Romero G, Sanchez A, et al. Robustness margin for attitude control of a four rotor mini-rotorcraft: case of study[J]. Mechatronics, 2010, 20(1): 143 - 152.

[46] Altuğ E, Ostrowski J P, Mahony R. Control of a quadrotor helicopter using visual feedback[C]//2002 IEEE International Conference on Robotics and Automation, Washington D.C.: 2002.

[47] Pounds P, Mahony R, Corke P. Modelling and control of a large quadrotor robot [J]. Control Engineering Practice, 2010, 18(7): 691 - 699.

[48] Licéaga-Castro E, Bradley R, Castro-Linares R. Helicopter control design using feedback linearization techniques[C]//The 28th Conference on Decision and Control, Tampa: 1989.

[49] Palunko I, Fierro R, Sultan C. Nonlinear modeling and output feedback control design for a small-scale helicopter[C]//17th Mediterranean Conference on Control and Automation, Thessaloniki: 2009.

[50] Brandão A S, Sarcinelli-Filho M, Carelli R. A nonlinear underactuated controller for 3D-trajectory tracking with a miniature helicopter[C]//2010 IEEE International Conference on Industrial Technology, Via del Mar: 2010.

[51] Kadmiry B, Bergsten P, Driankov D. Autonomous helicopter control using fuzzy gain

scheduling[C]//IEEE International Conference on Robotics and Automation, Seoul: 2001.
[52] Pei H L, Hu Y F, Wu Y. Gain scheduling control of a small unmanned helicopter[C]// 2007 IEEE International Conference on Control and Automation, Guangzhou: 2007.
[53] Jiao Y S, Wang X M, Yu X. Robust reliable gain scheduling control for helicopters [C]//2008 IEEE International Conference on Automation and Logistics, Qingdao: 2008.
[54] Pieper J K, Baillie S, Goheen K R. Linear-quadratic optimal model-following control of a helicopter in hover[C]//American Control Conference, Baltimore: 1994.
[55] Morris J C, van Nieuwstadt M, Bendotti P. Identification and control of a model helicopter in hover[C]//American Control Conference, Baltimore: 1994.
[56] Budiyono A, Wibowo S S. Optimal tracking controller design for a small-scale helicopter[J]. Journal of Bionic Engineering, 2007,4(4):271 - 280.
[57] Li J Q, Pei H L, Liu X, et al. Hybrid systems model and control of a small unmanned helicopter[C]//2007 Chinese Control Conference, Kunming: 2008.
[58] Shen N, Su, Z J, Wang X M, et al. Robust controller design and hardware-in-loop simulation for a helicopter [C]//4th IEEE Conference on Industrial Electronics and Applications, Xi'an: 2009.
[59] Li J Q, Yin J F, Lu H B, et al. Research and design on optimal controller of aerial robotics[C]//2009 IEEE International Conference on Robotics and Biomimetics, Guilin: 2009.
[60] Kim H J, Shim D H , Sastry S. Nonlinear model predictive tracking control for rotorcraft-based unmanned aerial vehicles[C]//American Control Conference, Anchorage: 2002.
[61] Shin J, Kim H J, Park S, et al. Model predictive flight control using adaptive support vector regression[J]. Neurocomputing, 2010,73(4 - 6):1031 - 1037.
[62] Castillo P, Dzul A, Lozano R. Real-time stabilization and tracking of a four-rotor mini rotorcraft[J]. IEEE Transactions on Control Systems Technology, 2004,12(4):510 - 516.
[63] Altuġ E, Ostrowski J P, Taylor C J. Control of a quadrotor helicopter using dual camera visual feedback[J]. The International Journal of Robotics Research, 2005, 24 (5):329 - 341.
[64] Mahony R, Kumar V, Corke P. Multirotor aerial vehicles: modeling, estimation, and control of quadrotor[J]. IEEE Robotics Automation Magazine, 2012,19(3):20 - 32.
[65] Hoffmann G M, Huang H M, Waslander S L, et al. Precision flight control for a multi-vehicle quadrotor helicopter testbed[J]. Control Engineering Practice, 2011, 19(9): 1023 - 1036.
[66] Das A, Subbarao K, Lewis F. Dynamic inversion with zero-dynamics stabilisation for quadrotor control[J]. IET Control Theory and Applications, 2009,3(3):303 - 314.
[67] Bertrand S, Guénard N, Hamel T, et al. A hierarchical controller for miniature VTOL UAVs: design and stability analysis using singular perturbation theory[J]. Control

Engineering Practice, 2011,19(10):1099 - 1108.
[68] Aguilar-Ibáñez C, Sira-Ramírez H, Suárez-Castañón M S, et al. The trajectory tracking problem for an unmanned four-rotor system: flatness-based approach[J]. International Journal of Control, 2012,85(1):69 - 77.
[69] Tayebi A, McGilvray S. Attitude stabilization of a VTOL quadrotor aircraft[J]. IEEE Transactions on Control Systems Technology, 2006,14(3):562 - 571.
[70] Guerrero-Castellanos J F, Marchand N, Hably A, et al. Bounded attitude control of rigid bodies: real-time experimentation to a quadrotor mini-helicopter [J]. Control Engineering Practice, 2011,19(8):790 - 797.
[71] Alexis K, Nikolakopoulos G, Tzes A. Switching model predictive attitude control for a quadrotor helicopter subject to atmospheric disturbances [J]. Control Engineering Practice, 2011,19(10):1195 - 1207.
[72] Zuo Z Y. Trajectory tracking control design with command-filtered compensation for a quadrotor[J]. IET Control Theory and Applications, 2010,4(11):2343 - 2355.
[73] Zhang R, Quan Q, Cai K Y. Attitude control of a quadrotor aircraft subject to a class of time-varying disturbances[J]. IET Control Theory and Applications, 2011,5(9):1140 - 1146.
[74] Xu R, Özgüner Ü. Sliding mode control of a class of underactuated systems [J]. Automatica, 2008,44(1):233 - 241.
[75] Zheng B, Zhong Y S. Robust attitude regulation of a 3 - DOF helicopter benchmark: theory and experiments[J]. IEEE Transactions on Industrial Electronics, 2011,58(2): 660 - 670.
[76] Esteban S, Gordillo F, Aracil J. Three-time scale singular perturbation control and stability analysis for an autonomous helicopter on a platform[J]. International Journal of Robust and Nonlinear Control, 2013,23(12):1360 - 1392.
[77] Tanaka K, Ohtake H, Wang H O. A practical design approach to stabilization of a 3 - DOF RC helicopter[J]. IEEE Transactions on Control Systems Technology, 2004,12 (2):315 - 325.
[78] Yin S, Luo H, Ding S X. Real-time implementation of fault-tolerant control systems with performance optimization[J]. IEEE Transactions on Industrial Electronics, 2014, 61(5):2402 - 2411.
[79] Yin S, Ding S X, Haghani A, et al. A comparison study of basic data-driven fault diagnosis and process monitoring methods on the benchmark Tennessee Eastman process[J]. Journal of Process Control, 2012,22(9):1567 - 1581.
[80] Yin S, Ding S X, Haghani A, et al. Data-driven monitoring for stochastic systems and its application on batch process[J]. International Journal of Systems Science, 2013,44 (7):1366 - 1376.
[81] Zhao X D, Yin S, Li H Y, et al. Switching stabilization for a class of slowly switched systems[J]. IEEE Transactions on Automatic Control, 2015,60(1):221 - 226.
[82] Zhao X D, Zhang L X, Shi P, et al. Robust control of continuous-time systems with state-dependent uncertainties and its application to electronic circuits [J]. IEEE

Transactions on Industrial Electronics, 2014, 61(8): 4161 - 4170.

[83] Mahmoud M S, Hajeer H Y. A globally convergent adaptive controller for robot manipulators[J]. IEEE Transactions on Automatic Control, 1994, 39(1): 148 - 151.

[84] Mahmoud M S, Xia Y Q. Applied Control Systems Design[M]. London: Springer, 2012.

[85] Liu H, Lu G, Zhong Y S. Robust LQR attitude control of a 3 - DOF lab helicopter for aggressive maneuvers[J]. IEEE Transactions on Industrial Electronics, 2013, 60(10): 4627 - 4636.

[86] Raptis I A, Valavanis K P, Moreno W A. A novel nonlinear backstepping controller design for helicopters using the rotation matrix[J]. IEEE Transactions on Control Systems Technology, 2011, 19(2): 465 - 473.

[87] Sira-Ramírez H, Castro-Linares R, Licéaga-Castro E. A Liouvillian systems approach for the trajectory planning-based control of helicopter models[J]. International Journal of Robust and Nonlinear Control, 2000, 10(4): 301 - 320.

[88] Zhao B, Xian B, Zhang Y, et al. Nonlinear robust adaptive tracking control of a quadrotor UAV via immersion and invariance methodology[J]. IEEE Transactions on Industrial Electronics, 2015, 62(5): 2891 - 2902.

[89] Liu M, Egan G K, Santoso F. Modeling, autopilot design, and field tuning of a UAV with minimum control surfaces[J]. IEEE Transactions on Control Systems Technology, 2015, 23(6): 2353 - 2360.

[90] Ryll M, Bülthoff H H, Giordano P R. A novel overactuated quadrotor unmanned aerial vehicle: modeling, control, and experimental validation[J]. IEEE Transactions on Control Systems Technology, 2015, 23(2): 540 - 556.

[91] Du Y H, Fang J C, Miao C X. Frequency domain system identification of an unmanned helicopter based on adaptive genetic algorithm[J]. IEEE Transactions on Industrial Electronics, 2014, 61(2): 870 - 881.

[92] Zhao S Y, Hu Z Y, Yin M F, et al. A robust real-time vision system for autonomous cargo transfer by an unmanned helicopter[J]. IEEE Transactions on Industrial Electronics, 2015, 62(2): 1210 - 1219.

[93] Zuo Z Y, Ru P K. Augmented L_1 adaptive tracking control of quad-rotor unmanned aircrafts[J]. IEEE Transactions on Aerospace and Electronic Systems, 2014, 50(4): 3090 - 3101.

[94] Rafo G V, Ortega M G, Rubio F R. An integral predictive/nonlinear H_∞ control structure for a quadrotor helicopter[J]. Automatica, 2010, 46(1): 29 - 39.

[95] Luque-Vega L, Castillo-Toledo B, Loukianov A G. Robust block second order sliding mode control for a quadrotor[J]. Journal of The Franklin Institute, 2012, 349(2): 719 - 739.

[96] Kerma M, Mokhtari A, Abdelaziz B, et al. Nonlinear H_∞ control of a quadrotor (UAV) using high order sliding mode disturbance estimator[J]. International Journal of Control, 2012, 85(12): 1876 - 1885.

[97] Zhao B, Xian B, Zhang Y, et al. Nonlinear robust sliding mode control of a quadrotor

unmanned aerial vehicle based on immersion and invariance method[J]. International Journal of Robust and Nonlinear Control, 2015,25(18):3714 - 3731.

[98] Cabecinhas D, Cunha R, Silvestre C. A nonlinear quadrotor trajectory tracking controller with disturbance rejection[J]. Control Engineering Practice, 2014, 26: 1 - 10.

[99] Cabecinhas D, Cunha R, Silvestre C. A globally stabilizing path following controller for rotorcraft with wind disturbance rejection[J]. IEEE Transactions on Control Systems Technology, 2015,23(2):708 - 714.

[100] Liu H, Wang X F, Zhong Y S. Quaternion-based robust attitude control for uncertain robotic quadrotors[J]. IEEE Transactions on Industrial Informatics, 2015, 11(2): 406 - 415.

[101] Bai Y Q, Liu H, Shi Z Y, et al. Robust control of quadrotor unmanned air vehicles [C]//The 31st Chinese Control Conference, Hefei: 2012.

[102] Zhou K, Doyle C, Glover K. Robust and Optimal Control[M]. New Jersey: Prentice Hall, 1996.

[103] Dydek Z T, Annaswamy A M, Lavretsky E. Adaptive control of quadrotor UAVs: a design trade study with flight evaluations[J]. IEEE Transactions on Control Systems Technology, 2013,21(4):1400 - 1406.

[104] Efe M Ö. Neural network assisted computationally simple $PI^{\lambda}D^{\mu}$ control of a quadrotor UAV[J]. IEEE Transactions on Industrial Informatics, 2011, 7(2):354 - 361.

[105] Choi Y C, Ahn H S. Nonlinear control of quadrotor for point tracking: actual implementation and experimental tests[J]. IEEE/ASME Transactions on Mechatronics, 2015,20(3): 1179 - 1192.

[106] Kendoul F. Nonlinear hierarchical flight controller for unmanned rotorcraft: design, stability, and experiments[J]. Journal of Guidance, Control, and Dynamics, 2009, 32 (6):1954 - 1958.

[107] Lee T. Robust adaptive attitude tracking on SO(3) with an application to a quadrotor UAV[J]. IEEE Transactions on Control Systems Technology, 2013, 21(5):1924 - 1930.

[108] Ryan T, Kim H J. LMI-based gain synthesis for simple robust quadrotor control [J]. IEEE Transactions on Automation Science and Engineering, 2013, 10(4):1173 - 1178.

[109] Wang L, Su J B. Robust disturbance rejection control for attitude tracking of an aircraft[J]. IEEE Transactions on Control Systems Technology, 2015, 23(6):2361 - 2368.

[110] Benallegue A, Mokhtari A, Fridman L. High-order sliding-mode observer for a quadrotor UAV[J]. International Journal of Robust and Nonlinear Control, 2008, 18 (4 - 5):427 - 440.

[111] Ordaz J, Salazar S, Mondié S, et al. Predictor-based position control of a quad-rotor with delays in GPS and vision measurements[J]. Journal of Intelligent and Robotic

Systems, 2013, 70:13 - 26.

[112] Lozano R, Castillo P, Garcia P, et al. Robust prediction-based control for unstable delay systems: application to the yaw control of a mini-helicopter[J]. Automatica, 2004, 40(4):603 - 612.

[113] Wang Q, Wang J W, Yu Y, et al. Robust attitude control of an indoor micro quadrotor with input delay[C]//2014 IEEE Chinese Guidance, Navigation and Control Conference, Yantai: 2014.

[114] Song D L, Han J D, Liu G J. Active model-based predictive control and experimental investigation on unmanned helicopters in full flight envelope[J]. IEEE Transactions on Control Systems Technology, 2013, 21(4):1502 - 1509.

[115] 张立鹏,魏瑞轩,刘月,等. 无人机编队构成的分散最优控制方法研究[J]. 飞行力学, 2012, 30(1):25 - 28, 33.

[116] Lee H, Kim H J. Constraint-based cooperative control of multiple aerial manipulators for handling an unknown payload[J]. IEEE Transactions on Industrial Informatics, 2017, 13(6):2780 - 2790.

[117] Liu H, Li D J, Zuo Z Y, et al. Robust three-loop trajectory tracking control for quadrotors with multiple uncertainties[J]. IEEE Transactions on Industrial Electronics, 2016, 63(4):2263 - 2274.

[118] Ding Z T. Adaptive consensus output regulation of a class of nonlinear systems with unknown high-frequency gain[J]. Automatica, 2015, 51:348 - 355.

[119] 张坤, 高晓光. 未知风场扰动下无人机三维航迹跟踪鲁棒最优控制[J]. 电子与信息学报, 2015, 37(12):3009 - 3015.

[120] Modares H, Lewis F L, Kang W, et al. Optimal synchronization of heterogeneous nonlinear systems with unknown dynamics [J]. IEEE Transactions on Automatic Control, 2018, 63(1):117 - 131.

[121] Luo B, Wu H N. Computationally efficient simultaneous policy update algorithm for nonlinear H_∞ state feedback control with Galerkin's method[J]. International Journal of Robust and Nonlinear Control, 2013, 23(9):991 - 1012.

索　引